任务引领

新课改 · 中等职业学校数控专业教材



范家柱 主编
龚跃明 田玲 副主编
葛金印 娄海滨 主审

# 零件测量与质量控制技术

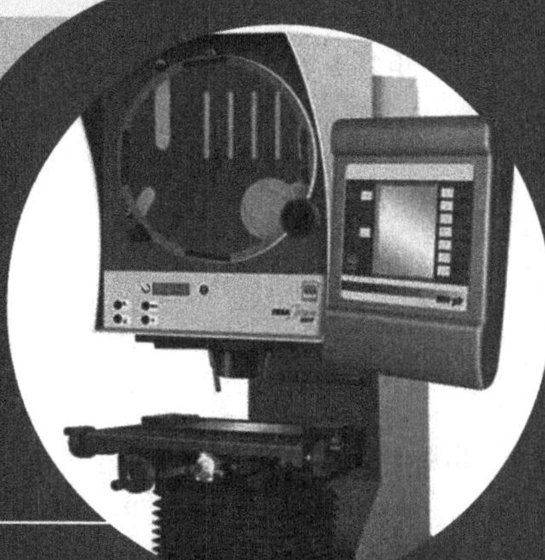

LINGJIAN CELIANG YU
ZHILIANG KONGZHI JISHU

清华大学出版社
北京

# 内容简介

本教材主要内容包括测量技术基础常识、零件加工质量的控制技术、零件尺寸的测量、形位误差的测量、螺纹的测量、零件质量的综合检测、精密测量仪器的认识等。

本教材涉及的知识、工艺和技术均充分考虑了中职学生的认知能力、实践能力及企业生产一线的岗位技术需要，编写中坚持技能为主、理论适度够用。教材中所选用的项目案例均选自生产实际中的一些基础零件，浅显易懂。同时，教材中还介绍了测量数据常用的计算、处理方法以及量具、量仪的日常保养知识，以期提高学习者的岗位职业素养。

本教材力求突出实用性、通用性，从而既可作为中等职业学校数控加工技术应用专业项目教学通用教材，也可作为机械企业质检员岗位培训的教材。



**图书在版编目(CIP)数据**

零件测量与质量控制技术/范家柱主编. —北京：清华大学出版社，2009.8（2022.8重印）
（新课改·中等职业学校数控专业教材）
ISBN 978-7-302-20108-3

Ⅰ. 零… Ⅱ. 范… Ⅲ. ①机械元件—测量—专业学校—教材 ②机械元件—质量控制—专业学校—教材 Ⅳ. TG801 TH13

中国版本图书馆 CIP 数据核字(2009)第 069414 号

**责任编辑**：田在儒 金燕铭
**责任校对**：李 梅
**责任印制**：曹婉颖

**出版发行**：清华大学出版社
**网 址**：http://www.tup.com.cn，http://www.wqbook.com
**地 址**：北京清华大学学研大厦A座 **邮 编**：100084
**社 总 机**：010-83470000 **邮 购**：010-62786544
**投稿与读者服务**：010-62776969，c-service@tup.tsinghua.edu.cn
**质量反馈**：010-62772015，zhiliang@tup.tsinghua.edu.cn
**印 装 者**：三河市龙大印装有限公司
**经 销**：全国新华书店
**开 本**：185mm×260mm **印 张**：12 **字 数**：270千字
**版 次**：2009年8月第1版 **印 次**：2022年8月第11次印刷
**定 价**：33.00元

产品编号：030977-03

新课改·中等职业学校数控专业教材

# 编写委员会

（按姓氏笔画排序）

# PREFACE
# 丛书序

为落实《国务院关于大力发展职业教育的决定》中提出的“以服务为宗旨，以就业为导向”的办学方针和教育部提出的“以全面素质为基础，以能力为本位”的教育教学指导思想，清华大学出版社组织编写了这套针对“任务引领型课程”的职业技术教育数控专业系列教材。

本套教材在编写时体现了基于工作过程的教学思想，具有以下特点：

一是任务引领，即以工作任务为中心引领知识、技能和态度，让学生在完成工作任务的过程中学习相关理论知识，发展学生的综合职业能力。

二是结果驱动，即通过完成工作任务所获得的产品或服务成果，来激发学生的成就动机，进而获得完成某工作任务所需要的综合职业能力。

三是突出能力培养，即课程定位与目标、课程内容与要求、教学过程与评价等都力求突出职业能力的培养，体现职业教育课程的本质特征。

四是内容实用，即紧紧围绕完成工作任务的需要来选择课程内容，不求理论的系统性，只求内容的实用性。

五是做学一体，即主张打破长期以来的理论与实践二元分离的局面，以工作任务为中心实现理论与实践的一体化教学。

参与本套教材编写的人员是来自全国各地的职业技术教育的一线骨干教师，在编写本套教材的过程中，他们以现代企业的生产技术为基础，充分考虑目前国外的先进理念，结合职业学校学生的知识结构组织教材内容，尽可能使教师利用这套教材教学教得轻松，学生利用这套教材学习学得有兴趣。

本套教材的推出，为我国职业技术教育课程教学和教材开发开创了一种新的模式，在推动重构符合地区经济特色的职业教育课程体系，实现职业技术教育课程模式和培养模式的根本性转变上，具有十分积极的意义。

本套教材的组织编写，是对基于工作过程的项目教学理论与开发技术的一次有益尝试，编写委员会的成员、各地职业教育方面的专家和教师、企业界的技术管理人员均为本套教材的编写倾注了心血和力量。

希望本套教材的出版，能为推动我国职业技术教育课程及教材改革以及中等职业学校数控专业的发展作出贡献。

丛书编写委员会

2009 年 2 月

# FOREWORD
# 前言

本教材是根据教育部等国家原6部委2004年颁布的《中等职业学校数控技术应用专业领域技能型紧缺人才培养培训指导方案》的基本要求并结合企业生产岗位需求而编写的。

零件的测量与质量控制技术是中等职业学校培养的机械、数控类技能型人才必须掌握的基本技能之一，也是企业生产现场零件尺寸控制的关键技术。但是，纵观国内现有的测量技术类教材，总体上依然是侧重于理论讲解辅之以实验验证类编写体例，对于与生产实际密切相关的公差、形位公差等项目的具体测量技术的详细讲解几乎空白，这样的教材对初级学习者学习本课程带来了极大的困难。为此，本教材以新的理念进行编写，力求在传统教材的基础上有重大突破，并尽量满足企业用工的需求。总体而言，与其他教材相比，本教材具有以下几个特点。

(1) 在编写理念上，根据中职学生的培养目标及认知特点，打破了传统的理论—实践—再理论的认知规律，代之以实践—理论—再实践的新认知规律，突出"做中学、学中做"的新教育理念。

(2) 在编写体例上，坚持工作过程导向，力求培养学习者的职业素养、职业能力，并把提高学生的职业能力放在突出的位置。

(3) 在编写内容的安排上，以企业零件质量检测的岗位需求及生产过程的现场质量控制技术为基本依据，坚持就业导向原则，突出实践教学环节，使学习者通过本教材内容的学习很快就能成为企业生产一线迫切需要的高素质劳动者。

(4) 在教学上，坚持理论实践一体化，贯彻"做中学、学中做"的职教理念，强调实践与理论的有机统一，技能上力求满足企业用工需要，理论上做到适度、够用。

(5) 在教学实施上，以工作过程导向、项目推进来实现，每个测量项目均来源于企业生产实践且学生又非常熟悉的基础零件，学起来浅显易懂，可以极大地提高学生的学习兴趣。

(6) 在教学评价上，坚持成果评价，即对学生在学习每个项目后的练习结果进行评价，考评要求明确、直观、实用、可操作性强，可以很好地调动学生的学习积极性。

本教材由范家柱担任主编，龚跃明、田玲为副主编，由葛金印、娄海滨主审，参加编写的还有王冬霞、刘春风。其中，模块一由王冬霞编写，模块二、三、七由范家柱编写，模块四、六由田玲编写，模块五由龚跃明编写，刘春风制作教材配套的课件。

在本教材的编写过程中，一直得到浙江省特级教师娄海滨先生的指导，并承蒙日本电产新宝浙江有限公司、浙江江茂实业股份有限公司质检科相关技术人员的支持与帮助，在此一并表示诚挚的谢意！

由于编写者的水平有限，书中难免有不足之处，敬请读者批评指正！

编　者

2009年2月

CONTENTS

# 目录

01

模块一

# 测量技术基础常识

## 学习总目标

（1）了解互换性与标准化的概念，能判断产品是否具有互换性。

（2）理解误差与公差的概念，并了解它们的区别，能计算零件的极限尺寸。

（3）理解极限与配合的性质，能判断零件的配合性质。

ONE

# 项目一　认识互换性与标准化

## 学习分目标

（1）了解互换性与标准化的概念。

（2）能判断产品是否具有互换性。

## 任务一　认识互换性

### 一、案例

如图1-1所示是一辆宝马自行车。请思考：如果自行车行驶途中，车轮主轴上丢失一个紧固螺母后，为了使自行车能在最短时间内上路，通常采取什么样的措施处理这个问题？

图1-1　宝马自行车

### 二、案例分析

自行车丢失紧固螺母后，为了让其快速上路，一般有以下两种处理办法。

① 制作生产一个与原紧固螺母相同的螺母。此方法费时、费力、费材料，不可取。

② 去自行车维修店购买一个与原车轮主轴上同样规格的紧固螺母。此方法大大降低了维修成本，提高处理故障效率，降低劳动强度。

### 三、分析结果

结合上述两种情况分析，采用第二种方法最合理。即在同一规格的一批螺母中，任取其一,不需要任何挑选或附加修配(如钳工修配)就能装在自行车上,达到正常行驶的功能要求。所以,螺母的这种特征就称为互换性。

## 四、相关知识

### 1. 互换性的含义

互换性:在同一规格的一批零件或部件中,任取其一,不需要任何挑选或附加修配(如钳工修配)就能装在机器上,达到规定的功能要求。这样的一批零件或部件就称为具有互换性的零件或部件。

### 2. 互换性的种类

(1) 按决定的参数或使用要求分

① 几何参数互换性(主要保证装配)——对几何要素的尺寸、形状、相对位置提出互换性要求。

② 功能互换(保证使用)——对物理、机械、化学的性能提出互换性要求。

(2) 按程度分

① 完全互换性——零件在装配与更换时,只要规格与型号完全一致,不需要任何的调整与修配,就能够满足使用性能与要求。如图 1-2 和图 1-3 所示分别为溜冰鞋上的滚动轴承和数控机床电主轴上的轴承,都属于完全互换性零件。

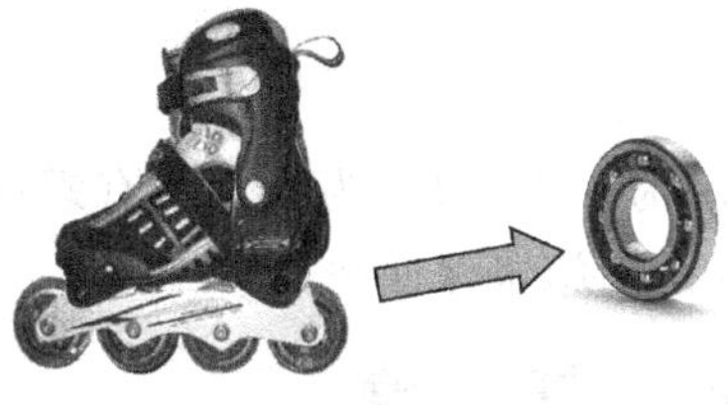

图 1-2　溜冰鞋上的滚动轴承

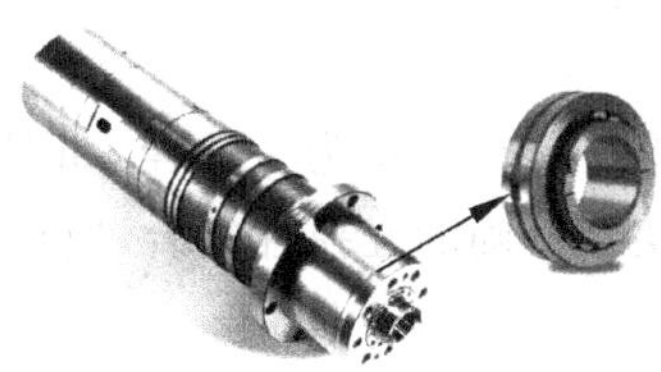

图 1-3　数控机床电主轴上的轴承

② 不完全互换性——零件在装配与更换时,通过部分的调整才能满足使用性能与要求。图 1-4 所示为机床上的床身,属于不完全互换性零件。

在实际生产过程中,如柴油机的活塞销和活塞销孔、齿轮油泵的装配,这些装配往往精度要求很高,如果要达到完全互换,制造就变得非常困难且成本很高。因此,对于此类机械零件往往降低精度要求进行加工,然后将零件分组,使每组零件的尺寸差别较小,再装配,组内零件可以互换,组与组之间的零件不能互换,这种方法称为分组装配法。

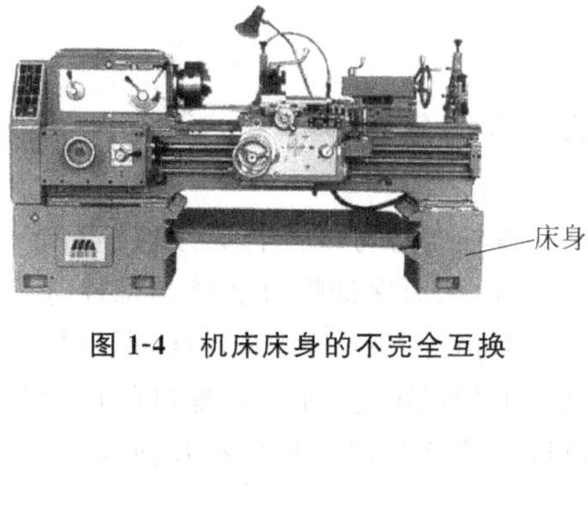


图 1-4　机床床身的不完全互换

## 五、任务布置

互换性是什么？生活中具有互换性的产品还有哪些？

日光灯是同学们非常熟悉的家用电器，其使用时间长了，启辉器经常容易损坏，请思考，如果日光灯启辉器坏了，一般会采取什么解决措施？启辉器的更换属于哪一类互换性？为什么？

思考

① 什么是互换性？
② 互换性有哪几种类型？
③ 请举例说明生活中还有哪些产品具有互换性？并说明哪些产品具有完全互换性？哪些产品具有不完全互换性？

# 任务二 认识标准化

## 一、案例

如图 1-5(a)所示为一螺栓，如图 1-5(b)所示为一堆螺母，为了使所有螺母都能够与该螺栓实现正确的互换性配合，应该采取什么样的措施来保证呢？

(a) 螺栓　　(b) 螺母

图 1-5 螺栓与螺母

## 二、案例分析

螺栓与螺母的配合必须保证两者的公称直径、牙型、螺纹的旋转方向、螺旋升角等保持一致，从而保证螺母能够与螺栓进行互换性配合。由于生产过程中机床存在系统误差、刀具磨损等各种不可测因素，螺母尺寸在加工过程中总是有变动的。但是，如果对尺寸变动范围加以限定，使所有螺母的尺寸都在限定范围之内且不影响螺栓与螺母的配合，那么可以认为这些螺母都具有互换性。

## 三、分析结果

为了保证螺母在加工过程中的尺寸变动能够控制在一定的范围内，并不影响其与螺栓的配合，必须对螺母的尺寸变动制订一个统一的变动范围规定，在生产过程中，严格按照这个规定来生产螺母，那么加工出来的所有螺母就都能实现互换性。这个规定就是通常所说的标准。

标准不是一成不变的，随着技术进步、生产情况的变化，标准在执行过程中需要不断地修改、完善，从而实现标准化。

## 四、相关知识

任何零件都是通过制造加工获得的，为了保证零件的加工质量，实现零件的互换性，必须通过以下几个途径。

### 1. 控制几何误差

零件在加工过程中会产生各种几何误差，这些几何误差通常都是由机床精度、测量仪器精度、操作工人的技术水平、零件材料性能及生产环境等因素造成的，衡量上述因素产生的几何误差参数主要包括尺寸误差、形状误差、位置误差及表面粗糙度等。

这些几何误差的大小影响着零件的互换性，影响着零件的使用性能。为了保证零件的互换性，满足零件的使用性能，必须在保证零件满足使用性能的前提下，将这些几何误差控制在一定的范围内。如果这些几何误差得到控制且零件满足使用性能，那么，零件的互换性也就得到了保证。这个控制零件几何误差的范围称为公差。

### 2. 公差标准化

几何参数公差用来控制几何参数误差的大小，因而需要确定几何参数公差的大小及对零件几何参数制订相关要求，即制订公差标准。公差标准是一种技术标准，技术标准是规范技术要求的法规，是指为产品和工程的技术质量、规格及其检验方法等方面所做的技术规定，是从事生产建设工作的共同技术依据。

标准是对需要协调统一的重复性事物和概念所做的统一规定，在一定范围内作为共同遵守的技术准则。

在生产实践中，应根据客观情况的变化，不断地修订和完善标准。以制订标准和贯彻标准为主要内容的全部活动过程即是标准化。

标准化是实现互换性的前提。只有按一定的标准进行设计和制造，并按一定的标准进行检验，互换性才能实现。

### 3. 几何误差测量

制订公差是为了保证零件的互换性，而要真正地实现互换性则必须通过测量技术，通过测量，可以判定零件的几何参数误差是否在公差允许的范围内，如果超出公差范围，则零件就不合格，无法实现互换性。

在生产制造过程中对零件进行测量，既要判断零件是否合格，还要找出零件不合格的原因，并及时地采取工艺措施，提高零件的加工精度，减少不合格品，提高零件的合格率，从而降低生产成本，提高生产效率。

零件几何误差的测量技术是生产制造过程中最重要的技术之一，也是本课程的学习重点。

## 五、任务布置

现代生活中，交通工具越来越发达了，电动自行车作为人力自行车的替代品，正越来越多地进入人们的家庭，但是电动自行车的电瓶寿命一般只有一年时间。电瓶损坏后，通常会如何解决电动自行车继续使用的问题呢？如何保证新电瓶能够适用原来的电动车呢？

**思考**

① 保证互换性一般有哪些途径？
② 什么是标准？什么是标准化？
③ 请说一说标准与标准化的关系？

TWO

# 项目二　认识误差

**学习分目标**

（1）理解误差的概念。
（2）学会分析误差产生的原因。

## 任务　认识误差的概念及其产生的原因

### 一、案例

测量如图 1-6 所示的圆柱销长度和直径，其数值都在图 1-6 所要求的范围内，但在实际使用中未达到实际要求，为什么？

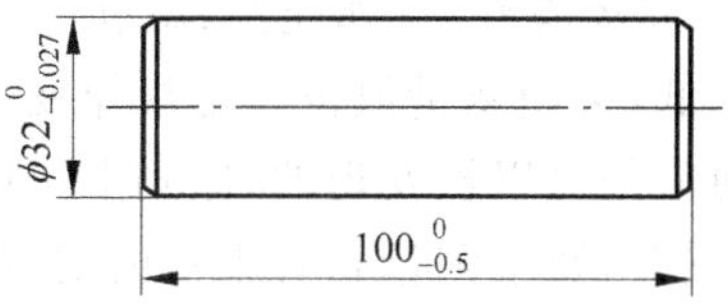


图 1-6　圆柱销

## 二、案例分析

在测量圆柱销长度和直径的过程中，由于受测量方法、测量仪器、测量条件以及测量者技术水平等多种因素的限制，测量结果与真值之间总有一定的差异，即总存在测量误差。圆柱销的端面平面度和圆柱面的圆柱度也对测量结果有很大影响。经过多次测量后，取其平均值视为圆柱销的真值。

## 三、分析结果

经上述分析，案例中只进行了一次测量，必定存在测量误差，所以测量结果中，99.8mm 不一定是圆柱销的真实长度，$\phi$31.98mm 不一定是它的真实直径。

## 四、相关知识

### 1. 误差的含义

误差是指测量结果偏离真值的程度。

### 2. 误差的分类

根据误差的性质和产生的原因，误差可分为三类：系统误差、随机误差和粗大误差。

(1) 系统误差

系统误差是指在同一条件(指方法、仪器、环境、人员)下多次测量同一物理量时，结果总是向一个方向偏离，其数值一定或按一定规律变化。系统误差的特征是具有一定的规律性的。

系统误差的来源有以下几个方面。

① 仪器误差　它是由于仪器本身的缺陷或没有按规定条件使用仪器而造成的误差。如螺旋测径器的零点不准、天平不等臂等所造成的误差。

② 理论误差　它是由于测量所依据的理论公式本身的近似性，或实验条件不能达到理论公式所规定的要求，或测量方法不当等所引起的误差。

③ 个人误差　它是由于测量者本人生理或心理特点造成的误差。如有人用秒表测时间时，总是使之过快。

④ 环境误差　它是因外界环境性质(如光照、温度、湿度、电磁场等)的影响而产生的误差。如环境温度升高或降低,会使测量值按一定规律变化。

产生系统误差的原因通常是可以被发现的,原则上可以通过修正、改进加以排除或减小。分析、排除和修正系统误差,要求测量者有丰富的实践经验。这方面的知识和技能将在本教材的相关任务中逐步地给予介绍,希望同学们可以很好地掌握。

(2) 随机误差

在相同测量条件下,多次测量同一物理量时,误差时大时小、时正时负,以不可预定的方式变化着,这种误差称为随机误差,有时也叫偶然误差。

引起随机误差的原因也很多,与仪器精密度和测量者的感官灵敏度有关。如,无规则的温度变化、气压的起伏、电磁场的干扰、电源电压的波动等引起的测量值的变化,这些因素不可控制,又无法预测和消除。在这个意义上,测量对象的真值是永远不可知的,只能通过多次测量获得均值以尽量逼近真值。

(3) 粗大误差

由于测量者过失,如实验方法不合理、用错仪器、操作不当、读错数值或记错数据等引起的误差,是一种人为的过失误差,也称为粗大误差。这种误差不属于测量误差,只要测量者具备严肃认真的态度,过失误差是可以避免的。在数据处理中要把含有粗大误差的异常数据加以剔除。

## 五、任务布置

图 1-7 所示为一批标准螺栓,经企业方出厂检测,产品全部合格,而用户方验收产品时,发现产品不合格,试分析可能是什么原因?应如何处理?

图 1-7　标准螺栓

**思考**

① 什么是误差?误差分为哪几类?

② 机床精度产生的误差属于什么误差?测量零件尺寸读数产生的误差属于什么误差?

THREE

# 项目三　认识极限与配合

## 学习分目标

(1) 理解尺寸公差和极限的含义,能计算零件的极限尺寸。

(2) 理解配合性质的概念,能判断零件的配合性质。

# 任务一　轴的尺寸公差与极限

## 一、案例

已知图1-8所示阶梯轴的轴端直径为$\phi 50^{+0.020}_{-0.041}$mm，试求其最大极限尺寸、最小极限尺寸及公差。

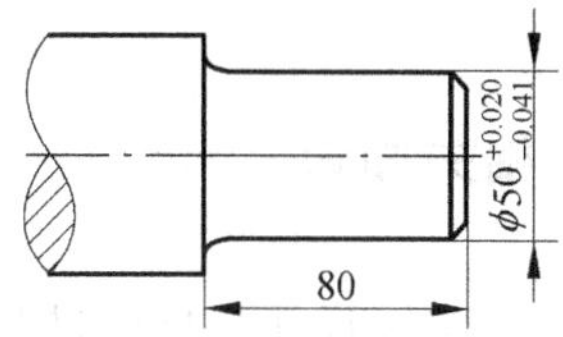


图1-8　阶梯轴

## 二、案例分析

如要求极限和公差，必须要理解它们的定义及$\phi 50^{+0.020}_{-0.041}$的含义。

极限尺寸：允许实际尺寸变化的极限值。最大极限尺寸是允许制造达到的最大尺寸，最小极限尺寸是允许制造达到的最小尺寸。

尺寸公差：允许实际尺寸的变动量，即

尺寸公差＝|最大极限尺寸－最小极限尺寸|

＝|上偏差－下偏差|

$\phi 50$：基本尺寸，是指根据零件的强度和结构要求，设计时给定的尺寸。

＋0.020：上偏差，是指最大极限尺寸与基本尺寸之差值，即

上偏差＝最大极限尺寸－基本尺寸

－0.041：下偏差，是指最小极限尺寸与基本尺寸之差值，即

下偏差＝最小极限尺寸－基本尺寸

## 三、分析结果

由上述分析，参见图1-9所示的阶梯轴公差示意图可知：

最大极限尺寸＝基本尺寸＋上偏差

＝50＋(＋0.020)

＝50.020mm

最小极限尺寸＝基本尺寸＋下偏差

＝50＋(－0.041)

＝49.959mm

公差＝|最大极限尺寸－最小极限尺寸|

＝|50.020－49.959|

＝|上偏差－下偏差|

＝|(＋0.020)－(－0.041)|

＝0.061mm

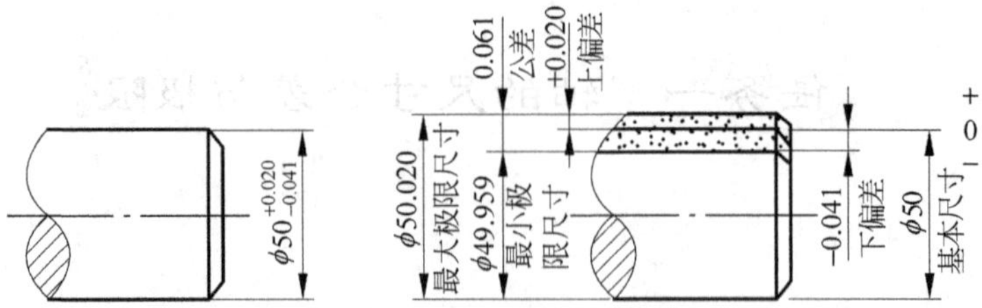


(a) 轴颈　　(b) 轴颈公差带示意图

**图 1-9　阶梯轴的公差带示意图**

## 四、相关知识

① 实际尺寸是指通过测量所达到的尺寸。

② 上、下偏差统称为极限偏差，可以是正值、负值或零。

## 五、任务布置

试计算如图 1-10 所示零件各尺寸的极限尺寸和公差。

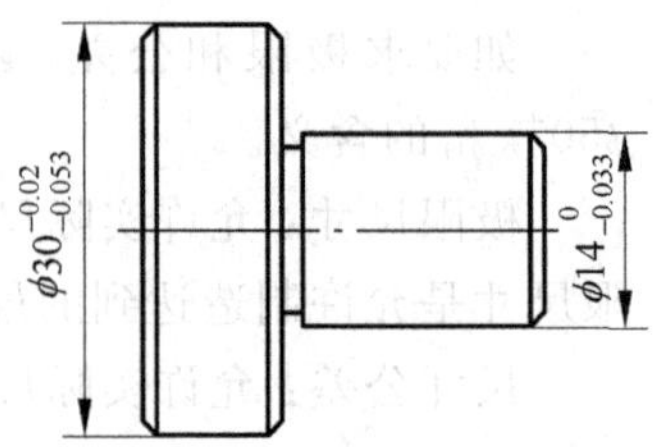


**图 1-10　支承钉**

① 什么是极限尺寸？什么是尺寸公差？

② 极限尺寸与尺寸公差有什么区别与联系？

# 任务二　孔的尺寸公差与极限

## 一、案例

已知图 1-11 所示套筒一的孔径为 $\phi 50^{+0.03}_{0}$ mm，试求其最大极限尺寸、最小极限尺寸及公差。

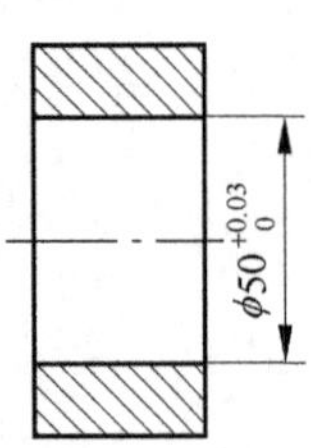


**图 1-11　套筒一**

## 二、案例分析

图 1-11 所示孔径的基本尺寸为 $\phi$50mm，上偏差为＋0.03mm，下偏差为 0。

## 三、分析结果

$$
\begin{aligned}
\text{最大极限尺寸} &= \text{基本尺寸}+\text{上偏差}\\
&= 50+(+0.03)\\
&= 50.03\text{mm}\\
\text{最小极限尺寸} &= \text{基本尺寸}+\text{下偏差}\\
&= 50+(0)\\
&= 50\text{mm}\\
\text{公差} &= |\text{最大极限尺寸}-\text{最小极限尺寸}|\\
&= |50.03-50|\\
&= |\text{上偏差}-\text{下偏差}|\\
&= |(+0.03)-(0)|\\
&= 0.03\text{mm}
\end{aligned}
$$

## 四、相关知识

如图 1-12 所示为套筒一的公差带示意图。

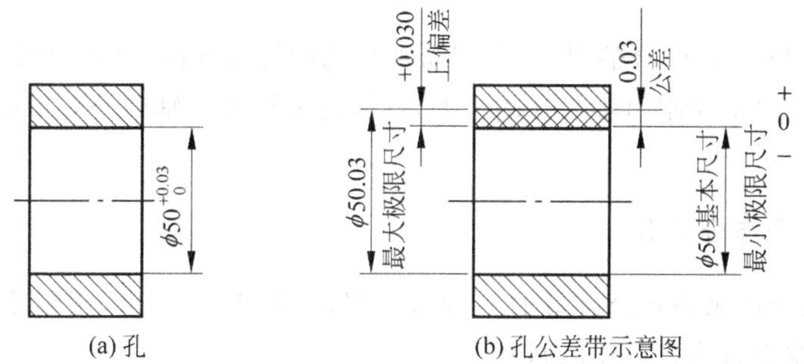

(a) 孔　(b) 孔公差带示意图

图 1-12　套筒一的公差带示意图

## 五、任务布置

试计算如图 1-13 所示套筒二各尺寸的极限尺寸和公差。

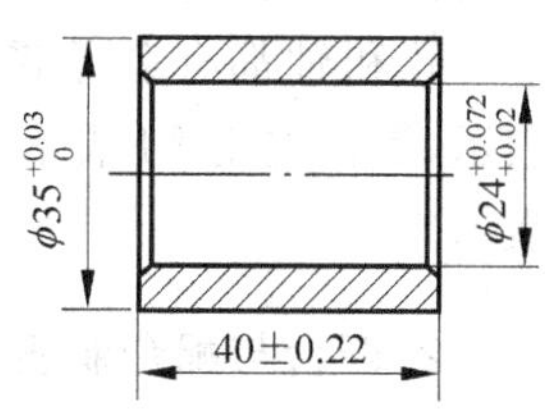

图 1-13　套筒二

**思考**

① 如何计算最大、最小极限尺寸？

② 公差的计算有哪两种方法？

# 任务三 配 合

## 一、案例

图 1-14 所示是某一直径为 $\phi32_{-0.016}^{\ 0}$ mm 的轴与直径为 $\phi32_{-0.033}^{-0.008}$ mm 的孔配合图，试画出公差带图，并判断其配合类型。

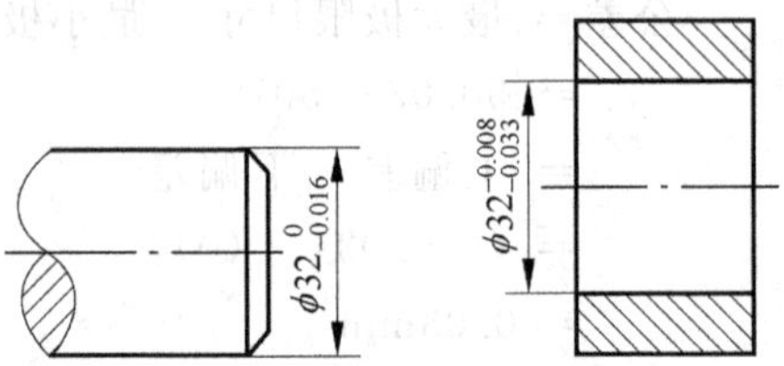


图 1-14 轴与孔配合图

## 二、案例分析

根据图 1-14 所示配合的要求，要判断轴与孔的配合性质，首先要理解什么是公差带、公差带图，然后分别绘制出轴与孔的公差带图，再根据孔与轴的公差带的相互位置关系来判断它们的配合性质。

### 1. 公差带图与公差带

公差带图是用来表示公差带的一种示意图，如图 1-15 所示，用零线表示被测尺寸的基本尺寸，零线上方为正，下方为负。

公差带是指在公差带图中，由代表被测尺寸上偏差和下偏差的两条直线所构成的一个矩形方框。矩形的高度代表公差，长度无实际意义。

公差带在公差带图中的位置是由公差大小和其相对零线的位置来确定的。

孔和轴都有公差带，国家标准规定，孔的上偏差用 ES 表示，下偏差用 EI 表示，轴的上偏差用 es 表示，下偏差用 ei 表示。

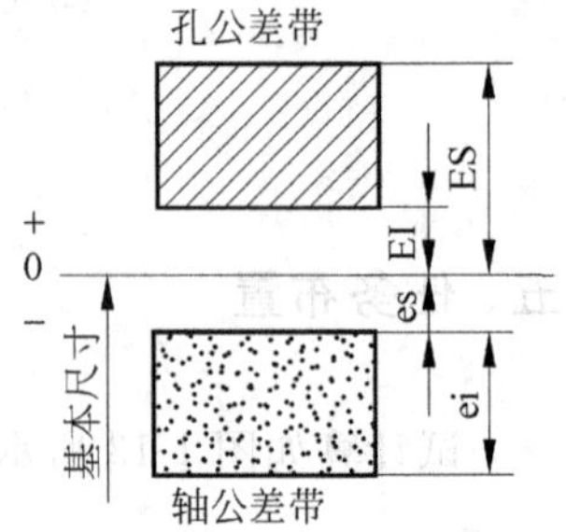


图 1-15 公差带图

### 2. 配合与配合制质

配合是指基本尺寸相同的、相互结合的一对轴和孔公差带之间的关系。

根据机器的设计要求、工艺要求和实际生产的需要，国家标准将配合分为间隙配合、过盈配合和过渡配合三类。

间隙配合：具有间隙(包括最小间隙等于零)的配合。此时孔的公差带在轴的公差带上方。任取其中一对孔和轴相配合都成为具有间隙的配合，如图 1-16(a)所示。

过盈配合：具有过盈(包括最小过盈等于零)的配合。此时孔的公差带在轴的公差带下方。任取其中一对孔和轴相配合都成为具有过盈的配合，如图 1-16(b)所示。

过渡配合：可能具有间隙或过盈的配合。此时轴和孔的公差带相互交叠。任取其中一对孔和轴相配合，可能具有间隙的配合，也可能具有过盈的配合，如图 1-16(c)所示。

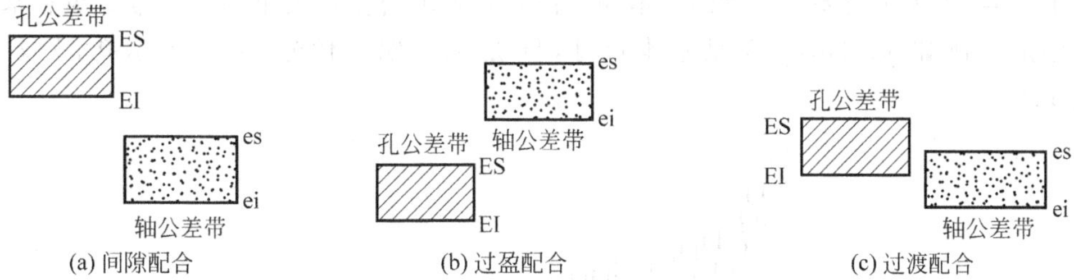


**图 1-16　公差带配合性质示意图**

## 三、分析结果

案例中轴的尺寸为 $\phi32_{-0.016}^{\ 0}$ mm，孔的尺寸为 $\phi32_{-0.033}^{-0.008}$ mm，绘制成的轴与孔的公差带配合如图 1-17 所示。由图可知，轴和孔的公差带相互交叠，因此，其配合性质为过渡配合。

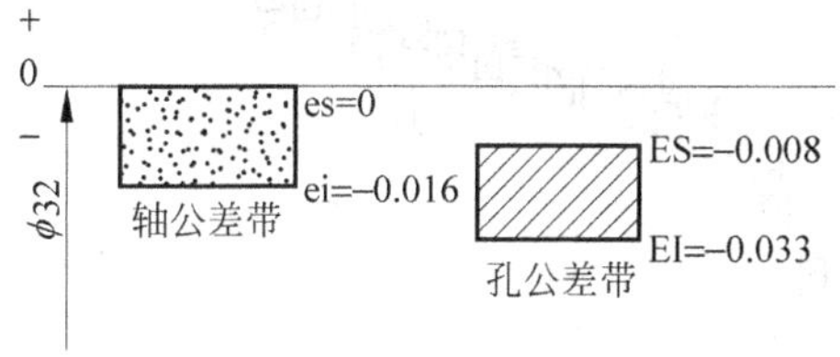


**图 1-17　轴与孔的公差带配合图**

## 四、相关知识

### 1. 标准公差与基本偏差

国家标准 GB/T 1800 中规定，公差带是由标准公差和基本偏差组成的。标准公差决定公差的高度，基本偏差确定公差带相对零线的位置。

标准公差是由国家标准规定的公差值，其大小由两个因素决定，一个是公差等级，另一个是基本尺寸。国家标准将公差划分为 20 个等级，分别为 IT01、IT0、IT1、IT2…IT18。其中，IT01 的精度最高，IT18 的精度最低。基本尺寸相同时，公差等级越高(数值越小)，标准公差越大。

基本偏差是用以确定公差带相对于零线位置的那个极限偏差，一般为靠近零线的那个偏差。当公差带在零线上方时，基本偏差为下偏差；当公差带在零线下方时，基本偏差为上偏差。当零线穿过公差带时，离零线近的偏差为基本偏差。当公差带关于零线对称时，基本偏差为上偏差或下偏差，如JS(js)。基本偏差有正号或负号。

孔和轴的基本偏差代号各有28种，用字母或字母组合表示。孔的基本偏差代号用大写字母表示，轴的基本偏差代号用小写字母表示，如图1-18所示。需要注意的是，基本尺寸相同的轴和孔若基本偏差代号相同，则基本偏差值一般情况下互为相反数。一个公差带的代号，由表示公差带位置的基本偏差代号和表示公差带大小的公差带等级和基本尺寸组成。例如$\phi$45H8，$\phi$45是基本尺寸，H是基本偏差代号，大写表示孔，公差等级为IT8。

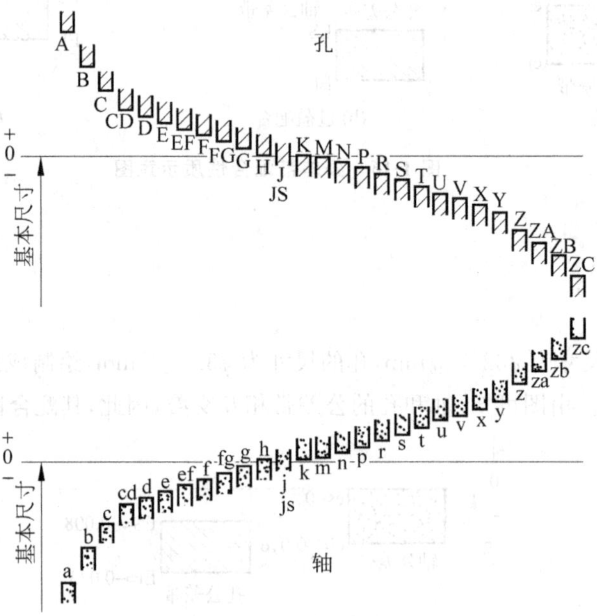


图1-18 基本偏差系列

### 2. 配合制度

采用配合制度是为了统一基准件的极限偏差，从而达到减少零件加工的定值刀具和量具的规格数量。国家标准规定了两种配合制，即基孔制和基轴制。

基孔制是基本偏差为H的孔的公差带与不同基本偏差的轴的公差带形成各种配合的制度，如图1-18所示。当与之配合的轴的基本偏差在a～h之间时形成间隙配合，在j～n之间时形成过渡配合，在p～zc之间时形成过盈配合。

基轴制是基本偏差为h的轴的公差带与不同基本偏差的孔的公差带形成各种配合的制度。当与之配合的孔的基本偏差在A～H之间时形成间隙配合，在J～N之间时形成过渡配合，在P～ZC之间时形成过盈配合。

若分子中含有 H 的同时，分母中又含有 h 的配合，如$\frac{H8}{h7}$、$\frac{H9}{h9}$等，一般视为基孔制配合，也可视为基轴制配合，这是最小间隙为零的一种间隙配合。

## 五、任务布置

如图 1-19 所示是某一直径为 $\phi 90^{+0.054}_{0}$ mm 的轴承孔与直径为 $\phi 90^{-0.036}_{-0.071}$ mm 的轴配合图，请画出公差带图，判断其配合性质和配合制度。

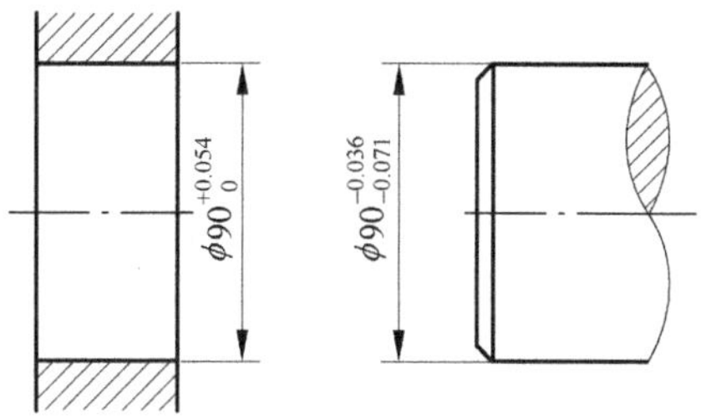


**图 1-19　轴承孔与轴颈**

**思考**

① 机械零件配合有哪三种类型？请分别画出它们的配合示意图。

② 国家标准规定的配合制度有哪两种？它们的区别是什么？

02

模块二

# 零件加工质量的控制技术

## 学习总目标

（1）认识零件的加工质量。

（2）认识零件常用量具。

（3）会正确绘制和使用直方图。

（4）会正确使用控制图。

（5）会判断零件的工序能力。

ONE

# 项目一　认识零件加工质量

## 学习分目标

（1）了解质量、零件加工质量、测量、检测的概念。

（2）了解零件加工质量的衡量要素。

（3）了解零件加工质量的判断方法。

## 任务　认识零件加工质量要素

### 一、案例

如图 2-1(a)所示为一定位销零件图，仔细阅读并看懂零件图要求，再观察图 2-1(b)所示的已加工成成品的两个定位销零件。请问：能否从成品 A、B 的表象上直接判断出两者的加工质量优劣？为什么？

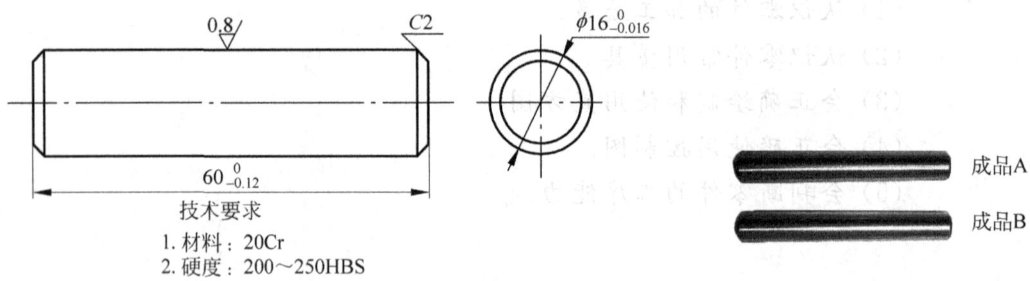


(a) 定位销零件图　　(b) 定位销成品图

图 2-1　定位销零件图

### 二、案例分析

从图 2-1(a)可知，该零件切削加工过程主要控制三个尺寸（$\phi16$、$C2$、60）、一个表面粗糙度（0.8）。如果不进行测量检测，仅仅从成品 A、B 的表面观察，这两个零件似乎是完全一致的，因此，不能判断出这两个成品的加工质量。为此，要比较两者加工质量的优劣，必须通过测量对比。

## 三、实际测量结果比较

案例中成品 A、B 的检测结果对比如表 2-1 所示。

**表 2-1　成品 A、B 加工质量检测结果对比表**

| 测 量 项 目 | 标准值 | 成品 A 测量值 | 成品 B 测量值 | 测 量 结 果 |
|---|---|---|---|---|
| 外圆表面粗糙度 | 0.8 | 0.6 | 0.1 | 检测结果表明：成品 A 所有尺寸符合质量要求，成品 B 有三项指标超差，因此，成品 A 合格，成品 B 不合格 |
| 零件长度 | $60_{-0.12}^{0}$ | 59.96 | 59.92 | |
| 倒角 | 2 | 2 | 1.8 | |
| 零件外径 | $\phi16_{-0.016}^{0}$ | $\phi15.992$ | $\phi16.01$ | |

结论：零件加工质量的判断必须通过测量技术，将测量值与零件尺寸标准进行对比，才能做出正确判断。

## 四、相关知识

### 1. 零件的质量

零件的质量包括物理特征质量与几何特征质量。物理特征质量主要包括零件所用材料的强度、硬度、弹性、刚度等物理机械特征，几何特征质量则包括零件表面的尺寸、形状和相互位置以及表面粗糙度等几何机械特征。如图 2-1 所示零件图中所标注的材料、热处理技术要求等内容属于物理特征质量，而外表面的尺寸、形位公差、表面粗糙度等要求则属于几何特征质量。

### 2. 零件的加工质量

机械切削加工过程中，零件的加工质量主要包括加工精度和表面粗糙度两个方面，这是判断零件加工质量好坏的两个主要指标。

### 3. 测量

零件的加工质量都需要通过测量来进行判定，通常所说的测量就是用量具或量仪对具体的零件进行测量，从而确定被测零件的量值的过程。本教材重点讲解产品加工过程中的测量技术，包括尺寸测量、形位公差测量、螺纹测量三大项目。

### 4. 检测

检测是测量与检验的总称，任何零件都需要通过测量与检验，才能判断其是否合格。因此，检测工作是保证产品精度的重要前提，是实现零件互换性生产的基础，是生产制造过程中的重要环节。

## 五、任务布置

在日常生活中寻找两个相同型号、规格的螺栓，根据本模块介绍的知识，说明如何判断两个螺栓的质量优劣，并解释两个零件质量优劣的原因。

**思考**

① 什么是质量？什么是零件的加工质量？
② 零件的加工质量如何判定？
③ 检测工作重要吗？为什么？

TWO

# 项目二　认识零件加工质量常用量具

## 学习分目标

(1) 了解常用量具的分类。
(2) 了解各类常用量具的用途。
(3) 掌握常用量具选用的原则。

## 任务一　常用量具的分类

### 一、案例

如图 2-2 所示为常用量具、量仪，能说出这些量具的名称吗？知道这些量具的作用吗？

### 二、案例分析

量具是测量仪器与测量工具的总称。通常讲的量具是指结构比较简单的测量工具，如钢直尺、卡尺等量具。结构比较复杂的量具称为测量仪器(简称量仪)，这些仪器可以将直接测量的数值转换成可直接观察的指示值或等效信息，如表面粗糙度仪、三坐标测量仪等。

在机械制造过程中会遇到各种各样的零件，不但要掌握使用各种各样的量具来检测零件加工质量的本领，还要针对一些特殊的、不能用通用量具进行检测的零件，掌握设计、

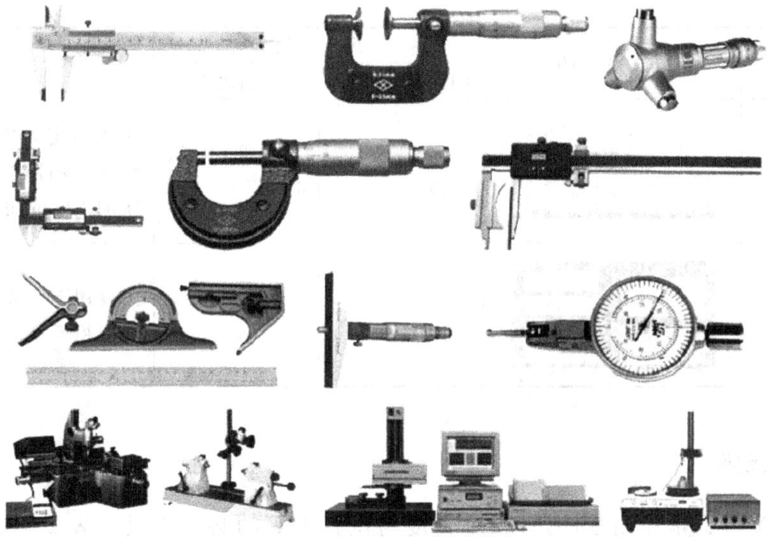

图 2-2　常用量具、量仪图

制作一些特殊量具进行零件加工质量检测的本领，这样才能保证加工的零件能够符合生产实际的需要。由此可见，对于一名优秀的技术工人，熟练掌握测量工具的种类及用途是非常重要的。

## 三、常用量具的种类与用途

为了在不同测量场合正确选择测量工具，更好地做好测量工作，有必要对一些常规量具的名称、品种、规格及其用途做一定的了解。常用的量具种类及用途说明如下。

### 1. 量块

量块是无刻度的平面平行端面量具，除了作为标准器具进行长度值传递以外，还可以用作标准器来调整仪器、机床或直接测量零件。表 2-2 所示是常用量块的种类及用途表。

表 2-2　常用量块种类及用途表

| 名　称 | 外　观　图 | 规　格 | | 用　途 |
|---|---|---|---|---|
| | | 制造精度等级 | 检定精度等级 | |
| 卡尺量块 |  | 00、0、1、2、3、K 级 | 1、2、3、4、5、6 级 | 适用于游标卡尺、千分尺等量具的检定 |
| 公制量块 | 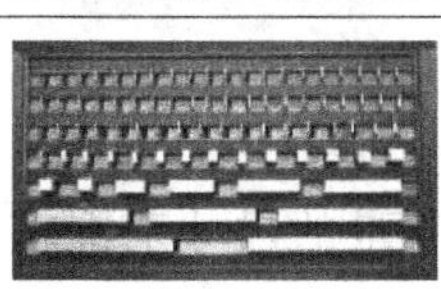 | 00、0、1、2、3、K 级 | 1、2、3、4、5、6 级 | 用于调整、校正或检验测量器具、仪器和精密机床 |

续表

| 名 称 | 外 观 图 | 规 格 | | 用 途 |
|---|---|---|---|---|
| | | 制造精度等级 | 检定精度等级 | |
| 角度量块 | 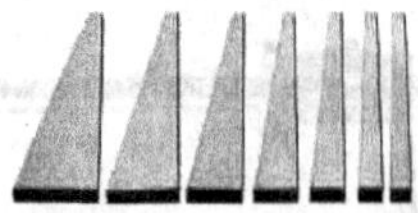 | 00、0、1、2、3、K 级 | 1、2、3、4、5、6 级 | 用于检定万能角度尺、角度样板、零件内外角和精密机床加工中的角度调整等 |
| 表面粗糙度量块 |  | — | — | 主要用于比较法检测零件的表面粗糙度 |

### 2. 角尺类

角尺类量具是检测零件角度、垂直度与位置度等的必备工具。表 2-3 是常见角尺类量具表。

表 2-3 常用角尺类量具

| 名 称 | 外 观 图 | 规 格 | 用 途 |
|---|---|---|---|
| 宽座角尺 |  | 63×40、125×80、200×125、315×200、500×315 | 用于精确测量工件内角、外角的垂直偏差 |
| 刀口角尺 |  | 50×40、70×50、100×70、150×100、200×130 | 用于检验直角误差、位置误差 |
| 多刃角尺 |  | 前角 25°～后角 35°，读数值 1′ | 用于分布在圆柱面或圆柱端面上的刀齿的前角和后角的测量 |
| 万能角度尺 |  | 0～320°，读数值 2′、5′ | 用于工件的各种内外角度测量 |
| 组合角尺 | 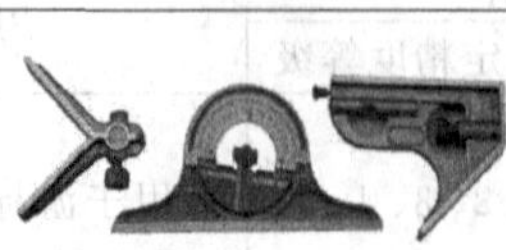 | 测量范围 0～180°，示值误差 ±15′，分度值 1° | 适用于机械加工、木模加工的角度测量、深度测量、高度测量和角度画线等 |

注：宽座角尺和刀口角尺规格的单位为 mm×mm。

### 3. 直尺、卡尺类

直尺、卡尺是最常用的量具，结构简单、使用方便，测量的尺寸范围较大，应用范围很广。表 2-4 是常用直尺与卡尺的种类与用途表。

表 2-4　常用直尺与卡尺的种类与用途

| 名　称 | 外　观　图 | 常用规格/mm | 读数值/mm | 用　　途 |
|---|---|---|---|---|
| 钢直尺 |  | 0～150<br>0～300<br>0～600<br>0～1000 | 0.5<br>1 | 测量精度较低的长度、距离 |
| 三用游标卡尺 | 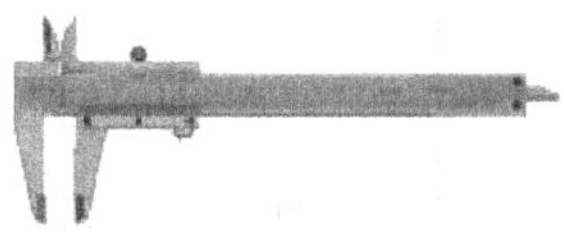 | 0～125<br>0～150<br>0～200<br>0～300 | 0.02<br>0.05 | 测量内径、外径、深度和长度 |
| 双面游标卡尺 |  | 0～200<br>0～300 | 0.02<br>0.05 | 测量内径、外径和长度 |
| 单面卡尺 |  | 0～200<br>0～300 | 0.02<br>0.05 | 测量大型工件、台阶 |
| | | 0～500 | 0.02　0.05　0.1 | |
| | | 0～1000 | 0.05　0.1 | |
| 深度游标卡尺 | 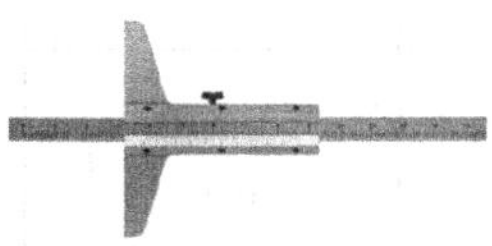 | 0～200<br>0～300<br>0～500 | 0.02 | 测量深度 |
| 数显游标卡尺 | 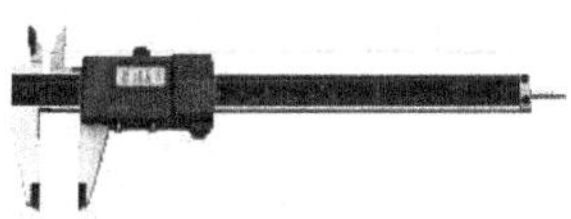 | 0～150 | 0.01 | 用途同普通游标卡尺，但测量精度高，效率高 |
| 带表游标卡尺 | 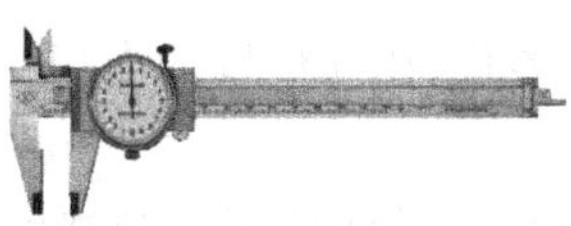 | 0～150 | 0.02 | 用表式机构代替游标读数，测量准确迅速 |

## 4. 千分尺类

千分尺也称为螺旋测微器，它是利用螺旋副的运动原理进行测量与读数的一种测微量具，也是工厂生产中使用最广泛的量具之一。根据不同的用途，千分尺的种类繁多，常用的千分尺分类及用途如表 2-5 所示。

表 2-5　常用千分尺的分类及用途表

| 名　称 | 外　观　图 | 常用规格/mm | 读数值/mm | 用　　途 |
|---|---|---|---|---|
| 外径千分尺 | 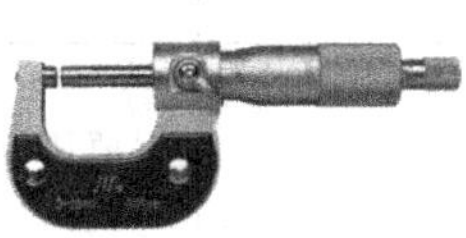 | 0～25<br>25～50<br>50～75 | 0.01<br>0.001 | 用于外尺寸的精密测量 |

续表

| 名　称 | 外　观　图 | 常用规格/mm | 读数值/mm | 用　　途 |
| --- | --- | --- | --- | --- |
| 内径千分尺 | 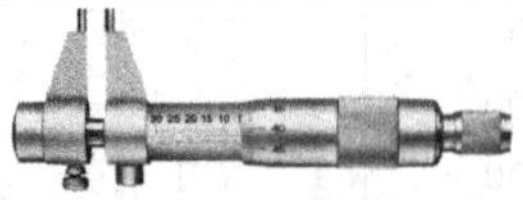<br>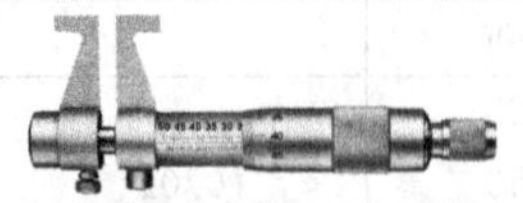 | 5～30<br>25～50<br>50～75 | 0.01 | 各类内径尺寸的精密测量 |
| |  | 50～250<br>50～600 | 0.01 | 主要用于内径的精密测量，有加长杆 |
| 深度千分尺 | 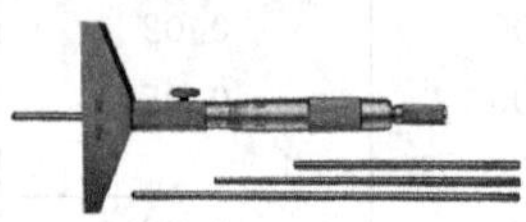 | 0～25<br>25～50<br>50～75<br>75～100 | 0.01 | 主要用于测量孔、沟槽深度，台阶及两平面间距离 |
| 螺纹千分尺 | 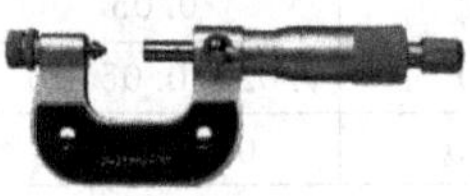 | 0～25<br>25～50<br>50～75<br>75～100 | 0.01 | 主要用于测量螺纹中径尺寸 |
| 公法线千分尺 | 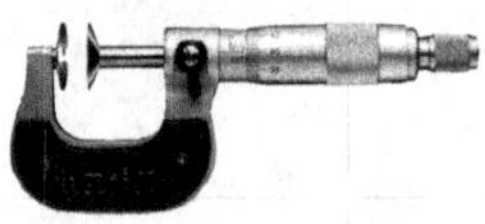 | 0～25<br>25～50<br>50～75<br>75～100 | 0.01 | 主要用于螺纹、齿轮公法线及纸张厚度等测量 |

### 5. 量规类

量规是一种没有刻度的，用以检验零件尺寸、形状、相互位置的专用检验工具，它只能判断零件是否合格，而不能得出具体的零件尺寸。

量规结构简单、检测方便，特别适合于批量生产的零件检测。量规的种类很多，常用的量规及其用途如表 2-6 所示。

**表 2-6　常用量规分类及用途表**

| 名　称 | 外　观　图 | 常　用　规　格 | 用　　途 |
| --- | --- | --- | --- |
| 螺纹量规 |  | M6、M8、M10、M12、M16、M20、M24、M32 | 主要用于孔径、孔距、内外螺纹直径的检测 |
| 光滑极限量规 |  | H6、H7、H8 | 主要用于光滑孔内径的检测 |
| |  | h6、h7、h8 | 主要用于光滑轴外径的检测 |

续表

| 名　称 | 外　观　图 | 常用规格 | 用　　途 |
| --- | --- | --- | --- |
| 莫氏圆锥量规 | 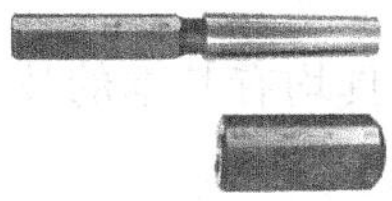 | 0＃、1＃、2＃、3＃、4＃、5＃、6＃ | 用于检查机床与工具的圆锥孔与圆锥柄的锥度与尺寸的正确性 |
| 7∶24 圆锥量规 |  | 30＃、40＃、45＃、50＃、55＃、60＃ | 可满足机床制造业锥体制件的互换，实现锥度传递及检测 |
| 量针 |  | 1.553、1.732、1.833、2.050、2.311、2.595、2.886、3.106、3.177 | 主要用于测量螺纹中径 |
| 正弦规 | 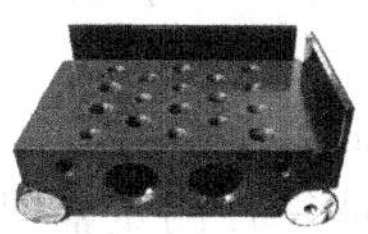 | 100×25、100×80、200×40、200×80、300×150 | 主要配合量块使用，测量工件角度和内、外锥体 |

### 6. 量表类

量规测量方便、快速，但仅为定性测量，如果要判断出具体的测量数据，尤其是形位公差方面的测量与分析，就必须使用各类量表。常用量表分类及用途如表 2-7 所示。

**表 2-7　常用量表分类及用途**

| 名　称 | 百分表 | 千分表 | 杠杆百分表 | 杠杆千分表 | 内径量表 |
| --- | --- | --- | --- | --- | --- |
| 外观图 |  |  |  |  |  |
| 常用规格/mm | 0～3<br>0～5<br>0～10 | 0～1 | 0～0.8 | 0～0.2<br>0～0.12 | $\phi$50～$\phi$100<br>$\phi$50～$\phi$160<br>$\phi$100～$\phi$160<br>$\phi$160～$\phi$250 |
| 分度值/mm | 0.01 | 0.001 | 0.001 | 0.002<br>0.001 | 0.001 |
| 用途 | 校正零件或夹具的安装位置，检验零件的形状精度或相互位置精度<br>百分表适用尺寸精度：IT6～IT8 级<br>千分表适用尺寸精度：IT5～IT7 级 | | 主要用于测量形位误差，也可用比较测量的方法测量实际尺寸，还可以测量小孔、凹槽、孔距、坐标尺寸等 | | 主要用于测量内径尺寸，可换测头，测量范围大 |

## 四、常用量具的基本技术指标

常用量具具有一些共同的基本特性，即每一种量具均有基本的技术指标，这些技术指标中最常见的主要包括以下几项。

### 1. 标尺间距

标尺间距是指量具刻度盘或标尺上两相邻刻线中心间的距离，一般取 0.75～2.5mm。如图 2-3 所示的游标卡尺标尺间距为 1mm。

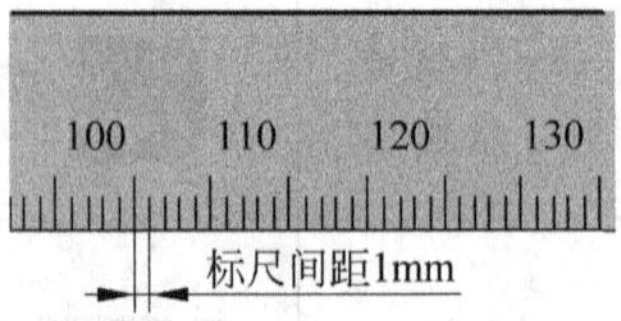

图 2-3 游标卡尺标尺间距

### 2. 分度值

分度值是指量具每刻线间距所代表的被测量值。一般地，长度量具的分度值有 0.1mm、0.01mm、0.001mm、0.0005mm 等。分度值是一种测量器具所能直接读出的最小单位量值，它既反映了读数精度的高低，又反映了测量器具的测量精度高低。

**小知识**

**游标卡尺的分度值如何判断**

*游标卡尺主体有主尺与副尺之分，当主尺刻度间距为 1mm，副尺为 50 等分时，其分度值就是 1/50＝0.02mm；如果副尺为 100 等分，那么分度值就是 1/100＝0.01mm。*

### 3. 测量范围

测量范围是指测量器具所能测量的被测量值的最大与最小范围值。例如，外径千分尺的测量范围有 0～25mm、25～50mm 等，游标卡尺的测量范围有 0～125mm、0～150mm 等。

### 4. 示值范围

示值范围是指测量器具标尺或刻度盘内全部刻度显示或指示的最小值与最大值的范围。

## 五、任务布置

根据老师提供的各种量具，请判断出这些量具的名称、使用场合，并能分别说出这些量具的基本技术指标，标尺间距、分度值、最大测量范围与示值范围分别是多少。

思考

① 常用量具的基本技术指标包括哪些?
② 用常用量具测量零件得到的尺寸是零件的绝对真实尺寸吗?为什么?

# 任务二 常用量具的选择原则

## 一、案例

检测如图 2-4 所示的伺服电机端盖内孔尺寸 $\phi50h9(\phi50_{-0.062}^{0})$,试选择测量所需的量具。

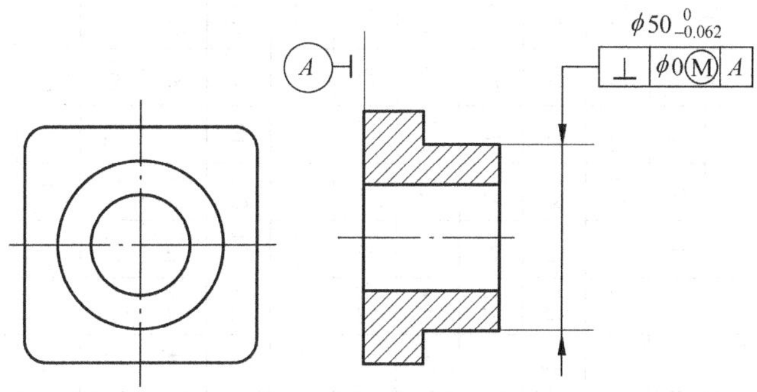


图 2-4 伺服电机端盖

## 二、案例分析

零件测量时量具的选择需要考虑多方面因素,测量获得的尺寸是否正确,通常又受到量具精度的限制。因此,在测量前,需要根据零件尺寸,查阅有关国家标准,获取量具测量的不确定度与测量不确定度允许值,然后将此两项数字进行对比,如果量具测量不确定度小于测量不确定度允许值,则可用所选量具进行测量。

## 三、量具选择步骤

① 查表 2-8 安全裕度与计量器具的测量不确定度允许值表,由于直径为 50mm,且精度为 IT9 级,因此,安全裕度 $A=0.0062$mm,测量不确定度允许值为 $U_1=0.0056$mm(注意应优先选择第一组数据)。

**表 2-8 安全裕度($A$)与计量器具的测量不确定度允许值($U_1$)表**

单位：μm

| 公差等级 | | 6 | | | | | 7 | | | | | 8 | | | | | 9 | | | | | 10 | | | | | 11 | | | | |
|---|---|---|---|---|---|---|---|---|---|---|---|---|---|---|---|---|---|---|---|---|---|---|---|---|---|---|---|---|---|---|---|
| 基本尺寸 | | $T$ | $A$ | $U_1$ | | | $T$ | $A$ | $U_1$ | | | $T$ | $A$ | $U_1$ | | | $T$ | $A$ | $U_1$ | | | $T$ | $A$ | $U_1$ | | | $T$ | $A$ | $U_1$ | | |
| 大于 | 至 | | | Ⅰ | Ⅱ | Ⅲ | | | Ⅰ | Ⅱ | Ⅲ | | | Ⅰ | Ⅱ | Ⅲ | | | Ⅰ | Ⅱ | Ⅲ | | | Ⅰ | Ⅱ | Ⅲ | | | Ⅰ | Ⅱ | Ⅲ |
| — | 3 | 6 | 0.6 | 0.54 | 0.9 | 1.4 | 10 | 1 | 0.9 | 1.5 | 2.3 | 14 | 1.4 | 1.3 | 2.1 | 3.2 | 25 | 2.5 | 2.3 | 3.8 | 5.6 | 40 | 4 | 3.6 | 6 | 9 | 60 | 6 | 5.4 | 9 | 14 |
| 3 | 6 | 8 | 0.8 | 0.72 | 1.2 | 1.8 | 12 | 1.2 | 1.1 | 1.8 | 2.7 | 18 | 1.8 | 1.6 | 2.7 | 4.1 | 30 | 3 | 2.7 | 4.5 | 6.8 | 48 | 4.8 | 4.3 | 7.2 | 11 | 75 | 7.5 | 6.8 | 11 | 17 |
| 6 | 10 | 9 | 0.9 | 0.81 | 1.4 | 2 | 15 | 1.5 | 1.4 | 2.3 | 3.4 | 22 | 2.2 | 2 | 3.3 | 5 | 36 | 3.6 | 3.3 | 5.4 | 8.1 | 58 | 5.8 | 5.2 | 8.7 | 13 | 90 | 9 | 8.1 | 14 | 20 |
| 10 | 18 | 11 | 1.1 | 1 | 1.7 | 2.5 | 18 | 1.8 | 1.7 | 2.7 | 4.1 | 27 | 2.7 | 2.4 | 4.1 | 6.1 | 43 | 4.3 | 3.9 | 6.5 | 9.7 | 70 | 7 | 6.3 | 11 | 16 | 110 | 11 | 10 | 17 | 25 |
| 18 | 30 | 13 | 1.3 | 1.2 | 2 | 2.9 | 21 | 2.1 | 1.9 | 3.2 | 4.7 | 33 | 3.3 | 3 | 5 | 7.4 | 52 | 5.2 | 4.7 | 7.8 | 12 | 84 | 8.4 | 7.6 | 13 | 19 | 130 | 13 | 12 | 20 | 29 |
| 30 | 50 | 16 | 1.6 | 1.4 | 2.4 | 3.6 | 25 | 2.5 | 2.3 | 3.8 | 5.6 | 39 | 3.9 | 3.5 | 5.9 | 8.8 | 62 | 6.2 | 5.6 | 9.3 | 14 | 100 | 10 | 9 | 15 | 23 | 160 | 16 | 14 | 24 | 36 |
| 50 | 80 | 19 | 1.9 | 1.7 | 2.9 | 4.3 | 30 | 3 | 2.7 | 4.5 | 6.8 | 46 | 4.6 | 4.1 | 6.9 | 10 | 74 | 7.4 | 6.7 | 11 | 17 | 120 | 12 | 11 | 18 | 27 | 190 | 19 | 17 | 29 | 43 |
| 80 | 120 | 22 | 2.2 | 2 | 3.3 | 5 | 35 | 3.5 | 3.2 | 5.3 | 7.9 | 54 | 5.4 | 4.9 | 8.1 | 12 | 87 | 8.7 | 7.8 | 13 | 20 | 140 | 14 | 13 | 21 | 32 | 220 | 22 | 20 | 33 | 50 |
| 120 | 180 | 25 | 2.5 | 2.3 | 3.8 | 5.6 | 40 | 4 | 3.6 | 6 | 9 | 63 | 6.3 | 5.7 | 9.5 | 14 | 100 | 10 | 9 | 15 | 23 | 160 | 16 | 15 | 24 | 36 | 250 | 25 | 23 | 38 | 56 |
| 180 | 250 | 29 | 2.9 | 2.6 | 4.4 | 6.5 | 46 | 4.6 | 4.1 | 6.9 | 10 | 72 | 7.2 | 6.5 | 11 | 16 | 115 | 12 | 10 | 17 | 26 | 185 | 18 | 17 | 28 | 42 | 290 | 29 | 26 | 44 | 65 |
| 250 | 315 | 32 | 3.2 | 2.9 | 4.8 | 7.2 | 52 | 5.2 | 4.7 | 7.8 | 12 | 81 | 8.1 | 7.3 | 12 | 18 | 130 | 13 | 12 | 19 | 29 | 210 | 21 | 19 | 32 | 47 | 320 | 32 | 29 | 48 | 72 |
| 315 | 400 | 36 | 3.6 | 3.2 | 5.4 | 8.1 | 57 | 5.7 | 5.1 | 8.4 | 13 | 89 | 8.9 | 8 | 13 | 20 | 140 | 14 | 13 | 21 | 32 | 320 | 23 | 21 | 35 | 52 | 360 | 36 | 32 | 54 | 81 |
| 400 | 500 | 40 | 4 | 3.6 | 6 | 9 | 63 | 6.3 | 5.7 | 9.5 | 14 | 97 | 9.7 | 8.7 | 15 | 22 | 155 | 16 | 14 | 23 | 35 | 250 | 25 | 23 | 38 | 56 | 400 | 40 | 36 | 60 | 90 |

续表

| 公差等级 | | 12 | | | | 13 | | | | 14 | | | | 15 | | | | 16 | | | | 17 | | | | 18 | | | |
|---|---|---|---|---|---|---|---|---|---|---|---|---|---|---|---|---|---|---|---|---|---|---|---|---|---|---|---|---|---|
| 基本尺寸 | | $T$ | $A$ | $U_1$ | | $T$ | $A$ | $U_1$ | | $T$ | $A$ | $U_1$ | | $T$ | $A$ | $U_1$ | | $T$ | $A$ | $U_1$ | | $T$ | $A$ | $U_1$ | | $T$ | $A$ | $U_1$ | |
| 大于 | 至 | | | Ⅰ | Ⅱ | | | Ⅰ | Ⅱ | | | Ⅰ | Ⅱ | | | Ⅰ | Ⅱ | | | Ⅰ | Ⅱ | | | Ⅰ | Ⅱ | | | Ⅰ | Ⅱ |
| — | 3 | 100 | 10 | 9 | 15 | 140 | 14 | 13 | 21 | 250 | 25 | 23 | 38 | 400 | 40 | 36 | 60 | 600 | 60 | 54 | 90 | 1000 | 100 | 90 | 150 | 1400 | 140 | 135 | 210 |
| 3 | 6 | 120 | 12 | 11 | 18 | 180 | 18 | 16 | 27 | 300 | 30 | 27 | 45 | 480 | 48 | 43 | 72 | 750 | 75 | 68 | 110 | 1200 | 120 | 110 | 180 | 1800 | 180 | 160 | 270 |
| 6 | 10 | 150 | 15 | 14 | 23 | 220 | 22 | 20 | 33 | 360 | 36 | 32 | 54 | 580 | 58 | 52 | 87 | 900 | 90 | 81 | 140 | 1500 | 150 | 140 | 230 | 2200 | 220 | 200 | 330 |
| 10 | 18 | 180 | 18 | 16 | 27 | 270 | 27 | 24 | 41 | 430 | 43 | 39 | 65 | 700 | 70 | 63 | 110 | 1100 | 110 | 100 | 170 | 1800 | 180 | 160 | 270 | 2700 | 270 | 240 | 400 |
| 18 | 30 | 210 | 21 | 19 | 32 | 330 | 33 | 30 | 50 | 520 | 52 | 47 | 78 | 840 | 84 | 76 | 130 | 1300 | 130 | 120 | 200 | 2100 | 210 | 190 | 320 | 3300 | 330 | 300 | 490 |
| 30 | 50 | 250 | 25 | 23 | 38 | 390 | 39 | 35 | 59 | 620 | 62 | 56 | 93 | 1000 | 100 | 90 | 150 | 1600 | 160 | 140 | 240 | 2500 | 250 | 220 | 380 | 3900 | 390 | 350 | 580 |
| 50 | 80 | 300 | 30 | 27 | 45 | 460 | 46 | 41 | 69 | 740 | 74 | 67 | 110 | 1200 | 120 | 110 | 180 | 1900 | 190 | 170 | 290 | 3000 | 300 | 270 | 450 | 4600 | 460 | 410 | 690 |
| 80 | 120 | 350 | 35 | 32 | 53 | 540 | 54 | 49 | 81 | 870 | 87 | 78 | 130 | 1400 | 140 | 130 | 210 | 2200 | 220 | 200 | 330 | 3500 | 350 | 320 | 530 | 5400 | 540 | 480 | 810 |
| 120 | 180 | 400 | 40 | 36 | 60 | 630 | 63 | 57 | 95 | 1000 | 100 | 90 | 150 | 1600 | 160 | 150 | 240 | 2500 | 250 | 230 | 380 | 4000 | 400 | 360 | 600 | 6300 | 630 | 570 | 940 |
| 180 | 250 | 460 | 46 | 41 | 69 | 720 | 72 | 65 | 110 | 1150 | 115 | 100 | 170 | 1850 | 180 | 170 | 280 | 2900 | 290 | 260 | 440 | 4600 | 460 | 410 | 690 | 7200 | 720 | 650 | 1080 |
| 250 | 315 | 520 | 52 | 47 | 78 | 810 | 81 | 73 | 120 | 1300 | 130 | 120 | 190 | 2100 | 210 | 190 | 320 | 3200 | 320 | 290 | 480 | 5200 | 520 | 470 | 780 | 8100 | 810 | 730 | 1210 |
| 315 | 400 | 570 | 57 | 51 | 86 | 890 | 89 | 80 | 130 | 1400 | 140 | 130 | 210 | 2300 | 230 | 210 | 350 | 3600 | 360 | 320 | 540 | 5700 | 570 | 510 | 860 | 8900 | 890 | 800 | 1330 |
| 400 | 500 | 630 | 63 | 57 | 95 | 970 | 97 | 87 | 150 | 1500 | 150 | 140 | 230 | 2500 | 250 | 230 | 380 | 4000 | 400 | 360 | 600 | 6300 | 630 | 570 | 950 | 9700 | 970 | 870 | 1450 |

注：$T$代表工件公差，$U=T\left(\frac{1}{10}、\frac{1}{6}、\frac{1}{4}\right)$，$U_1=0.9U$。

② 查表 2-9 所示的千分尺和游标卡尺的不确定度表，分度值 0.01mm 的外径千分尺的不确定度为 0.004mm。

③ 比较 0.004 < 0.0056，因此，分度值 0.01mm 的外径千分尺可满足测量要求。

**表 2-9 千分尺和游标卡尺的不确定度表** 单位：mm

<table>
<tr><th rowspan="3">尺寸范围</th><th colspan="4">测量器具类型</th></tr>
<tr><th>分度值 0.01mm 的外径千分尺</th><th>分度值 0.01mm 的内径千分尺</th><th>分度值 0.02mm 的游标卡尺</th><th>分度值 0.05mm 的游标卡尺</th></tr>
<tr><th colspan="4">不确定度</th></tr>
<tr><td>0～50</td><td>0.004</td><td rowspan="3">0.008</td><td rowspan="6">0.020</td><td rowspan="4">0.020</td></tr>
<tr><td>50～100</td><td>0.005</td></tr>
<tr><td>100～150</td><td>0.006</td></tr>
<tr><td>150～200</td><td>0.007</td><td rowspan="3">0.013</td></tr>
<tr><td>200～250</td><td>0.008</td><td rowspan="8">0.100</td></tr>
<tr><td>250～300</td><td>0.009</td></tr>
<tr><td>300～350</td><td>0.010</td><td rowspan="3">0.020</td><td rowspan="7">—</td></tr>
<tr><td>350～400</td><td>0.011</td></tr>
<tr><td>400～450</td><td>0.012</td></tr>
<tr><td>450～500</td><td>0.013</td><td>0.025</td></tr>
<tr><td>500～600</td><td rowspan="3">—</td><td rowspan="3">0.030</td></tr>
<tr><td>600～700</td></tr>
<tr><td>700～800</td><td>0.150</td></tr>
</table>

## 四、常用量具的选择原则

通过上述案例可以看到，选用常用量具进行测量时，通常需要注意下面几个方面。

### 1. 测量精度

所选的测量器具的精度指标必须满足被测对象的精度要求，才能保证测量的准确度。被测对象的精度要求主要指零件的公差值。公差值较大，对测量的精度要求就较低；公差较小，对测量的精度要求就较高。

### 2. 测量成本

在保证测量准确度的前提下，应考虑测量器具的价格、使用寿命、对操作人员技术熟练程度的要求等，尽量降低测量成本。

### 3. 零件的结构特点

所选测量器具的测量范围必须大于被测尺寸。测量外径类尺寸选用外径测量工具测量，测量内径类尺寸则选用内径测量工具测量。

### 4. 产品批量

大批量生产可选用专用测量量具检测，如螺纹的通止规检测、孔的塞规检测等；少量生产可选用万能测量器具；首件试生产等单件检测则需要用高精度测量仪器检测。

## 五、相关知识

在生产过程中选择测量器具要注意：检验公差等级为6～18级、基本尺寸为0～500mm的光滑工件尺寸，应按GB/T 3177—1997《光滑工件尺寸的检验》中的规定选择测量器具，测量器具的不确定度不大于表2-8所规定的允许值$U_1$，一般情况下优先选用Ⅰ档；当现有测量器具的不确定度达不到“小于或等于Ⅰ档允许值($U_1$)”这一要求时，可选用表2-8中的第Ⅱ档，重新选择测量器具；否则还可选择第Ⅲ档。

目前，千分尺是一般工厂在生产车间内使用非常普遍的测量器具，为了提高千分尺的测量精度，扩大其使用范围，可采用比较测量法。比较测量时，可用产品样件经高一精度等级的精密测量后作为比较标准，也可用量块作为标准器。

## 六、任务布置

生产过程中欲检测一批直径为$\phi$25f8mm的轴，试利用已学知识选择合适的测量器具。

**思考**

① 常用量具的选择包括哪些原则？
② 如何提高常用量具的测量精度？

THREE

# 项目三　零件加工质量控制技术1——直方图法

## 学习分目标

(1) 会根据检测数据绘制直方图。
(2) 会根据直方图形状判断零件生产过程的稳定性及质量状况。
(3) 会计算成批零件的平均值、标准差。
(4) 会计算工序能力指数并判断工序能力。

# 任务一 直方图的使用

## 一、案例

加工如图 2-5 所示的一批齿轮轴毛坯，要求其长度尺寸为(50±0.2)mm，经测量后，得到数据表 2-10，能据此数据做出以下两项判断吗？

① 该批零件的生产过程是否异常？

② 该批零件的质量分布状况如何？

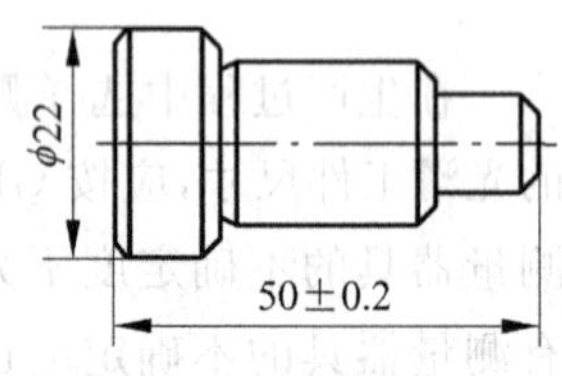


图 2-5 齿轮轴毛坯

表 2-10 齿轮轴毛坯长度尺寸数据表 单位：mm

| | | | | | | | | | |
|---|---|---|---|---|---|---|---|---|---|
| 50.0 | 50.02 | 50.01 | 50.1 | 50.09 | 49.97 | 49.87 | 50.05 | 50.06 | 50.03 |
| 50.01 | 50.03 | 50.0 | 50.04 | 50.07 | 49.83 | 49.85 | 49.92 | 49.90 | 49.91 |
| 50.07 | 50.0 | 50.15 | 50.06 | 50.0 | 49.97 | 49.91 | 49.96 | 50.08 | 50.02 |
| 50.09 | 50.10 | 50.0 | 49.96 | 49.98 | 49.95 | 50.05 | 50.01 | 50.05 | 50.06 |
| 50.01 | 50.0 | 50.12 | 49.96 | 49.95 | 49.95 | 50.01 | 49.97 | 49.92 | 50.02 |

## 二、案例分析

企业的生产质量管理中，研究产品质量的分布状况，判断生产过程是否处在正常状态，使用得最为普遍的是直方图。

本例中，只要作出该批零件直径尺寸的直方图，观察尺寸的分布情况即可对零件的质量分布状况及生产过程稳定性做出判断。

## 三、直方图的作图方法与步骤

### 1. 集中和记录数据，求出其最大值 $X_{max}$ 和最小值 $X_{min}$

通常，数据的数量 $n$ 应大于 50 个才能反映质量波动情况，获取数据后，应判断数据组中的最大值 $X_{max}$ 与最小值 $X_{min}$。此例中零件的最大值为 $X_{max}=50.15$，最小值为 $X_{min}=49.83$。

### 2. 数据分组数 K

数据分组数 $K$ 可以根据收集数据的多少来确定，一般的标准参见表 2-11。

表 2-11 直方图分组表

| 数据量 $n$ | <50 | 50～100 | 100～250 | >250 |
|---|---|---|---|---|
| 分组数 $K$ | 5～7 | 6～10 | 7～12 | 10～20 |

### 3. 确定极差 $R$

极差 $R$ 一般是数据的最大值 $X_{max}$ 与最小值 $X_{min}$ 之差，即

$$R = X_{max} - X_{min}$$

因此，此例中

$$R = 50.15 - 49.83 = 0.32$$

### 4. 确定组距 $h$

组距是数据组极差与分组数之比，即

$$h = R/K$$

此例中

$$h = 0.32/7 \approx 0.046 \approx 0.05$$

### 5. 计算各组的界限值

各组的界限值可以从第一组开始依次计算，第一组的界限值为最小值 $X_{min} \pm h/2$；第二组的界限值为 $(X_{min} + h) \pm h/2$；最后一组的界限值为最大值 $X_{max} \pm h/2$。

### 6. 统计各组数据出现频数 $f$

根据表 2-10 中数据统计位于各界限值的数据。

### 7. 计算频数最多一组的中值 $X_0$

中值 $X_0$ 为频数最多的一组的中值，即

$$X_0 = (\text{下界限值} + \text{上界限值})/2$$

本例中

$$X_0 = 50.03$$

### 8. 确定组次 $u$

确定组次 $u$ 时，必须以频数最多的一组为基准，其值 $u=0$，基准向上依次为 $-1$、$-2$、$-3\cdots -i$，基准向下则为 1、2、$3\cdots i$。

### 9. 作出频数分布表

根据分组、组界值、频数、组次作出频数分布表，参见表 2-12。

### 10. 计算数据的平均值 $\bar{X}$ 和标准差 $S$

数据平均值的计算公式为

$$\bar{X} = (X_1 + X_2 + X_3 + \cdots + X_n)/n$$

表 2-12 频数分布表

| 组别 $K$ | 组界值/mm | 频数 $f$ | 组次 $u$ | $fu$ | $fu^2$ |
|---|---|---|---|---|---|
| 1 | 49.805～49.855 | 2 | −4 | −8 | 32 |
| 2 | 49.855～49.905 | 2 | −3 | −6 | 18 |
| 3 | 49.905～49.955 | 7 | −2 | −14 | 28 |
| 4 | 49.955～50.005 | 13 | −1 | −13 | 13 |
| 5 | 50.005～50.055 | 14 | 0 | 0 | 0 |
| 6 | 50.055～50.105 | 10 | 1 | 10 | 10 |
| 7 | 50.105～50.155 | 2 | 2 | 4 | 8 |
| 合　计 | | 50 | — | −27 | 109 |

或者为

$$\overline{X} = X_0 + h\left(\sum fu \Big/ \sum f\right)$$

本例中

$$\overline{X} = 50.0024$$

数据标准差的计算公式为

$$S = h \times \sqrt{\sum fu^2 \Big/ \sum f - \left(\sum fu \Big/ \sum f\right)^2}$$

本例中

$$S = 0.05 \times \sqrt{109/50 - (-27/50)^2} = 0.0687$$

**11. 绘制直方图**

以数据值的一定比例为横坐标，以频数值的一定比例为纵坐标，画出齿轮轴毛坯的直径尺寸质量直方图，如图 2-6 所示。其中，$M$ 指公差中值，$\overline{X}$ 指数据平均值，$T_L$ 指长度尺寸的下偏差，$T_U$ 指长度尺寸的上偏差。

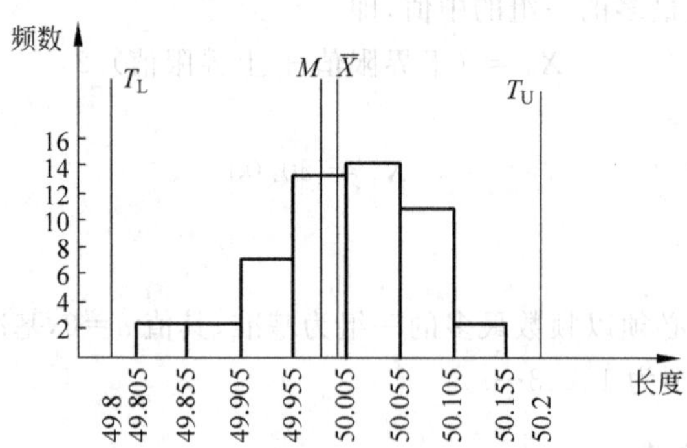


图 2-6 齿轮轴毛坯直方图

## 四、零件质量的判断

用直方图对零件质量进行判断，需要对常见的典型直方图进行初步认识，然后结合实际绘制的直方图，对零件的质量做出判断。

### 1. 对直方图图形的判断分析

常见的直方图波动形态参见表 2-13。

**表 2-13　几种常见的直方图波动形态**

| 形态 | 直方图例 | 直方图特点 | 生产过程状态 | 对　策 |
|---|---|---|---|---|
| 正常型 | 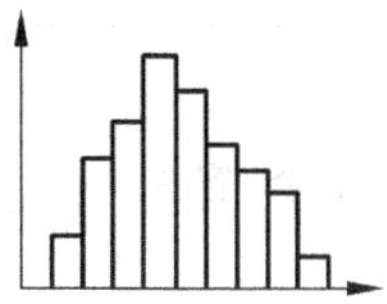 | 中间高，两边低，左右对称 | 工序处于稳定状态 | 维持、监控 |
| 偏心型 | 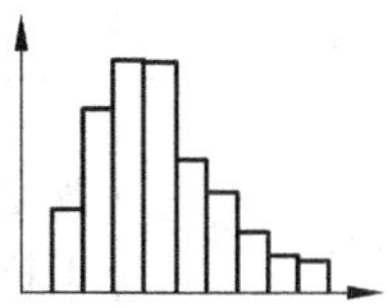 | 数据中心与公差中心不重合，中心向左或右偏移 | 由操作者习惯引起，或偏向下偏差，或偏向上偏差加工 | 指导操作者严格按照中间公差加工 |
| 双峰型 | 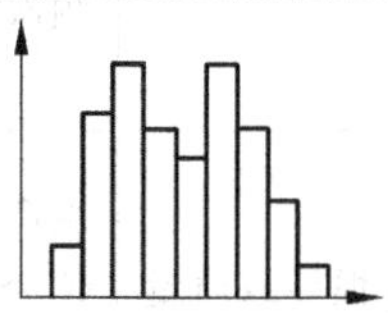 | 出现两个数据中心，不符合正态分布规律 | 不同操作者使用不同设备加工产生 | 对数据进行适当分层 |
| 锯齿型 | 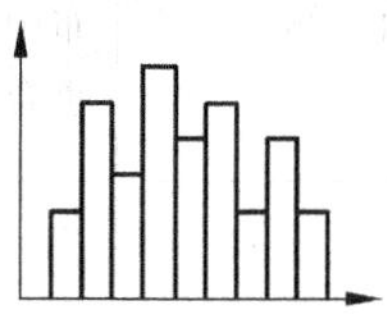 | 直方图呈现断齿状态 | 测量数据有误，分组不当 | 测量方法改进，测量工具检查，数据正确分组 |
| 平顶型 | 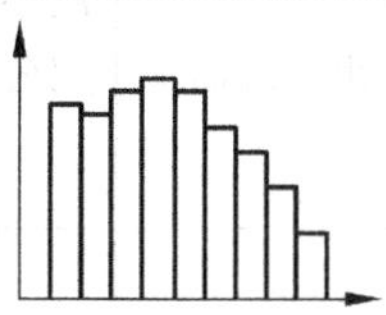 | 数据分布平坦，不符合正态分布规律 | 生产中刀具磨损，操作者疲劳工作 | 严格控制生产过程质量，合理安排操作者劳动时间 |
| 孤岛型 | 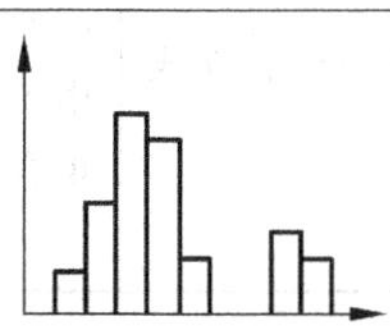 | 直方图旁边有孤立的小岛出现 | 加工和测量过程中出现异常情况，原材料变化、刀具磨损、测量仪器问题等 | 检查原材料，检查刀具磨损程度，测量仪器校正 |

参照表 2-13，可知齿轮轴毛坯直径的直方图属于正常型。

### 2. 与标准比较的几种常见直方图

仅仅对直方图形状判断是不够的，还需要对照给定零件图的公差标准进行比较，以判定工序满足要求的程度，即当前零件的质量是否满足标准要求。常见的与标准比较的直方图如表 2-14 所示，表中 $T_U$ 为直径上偏差，$T_L$ 为直径下偏差。

表 2-14 与标准比较的几种常见直方图

| 形态 | 直方图例 | 直方图特点 | 生产过程状态 | 调整措施 |
|---|---|---|---|---|
| 理想型 | 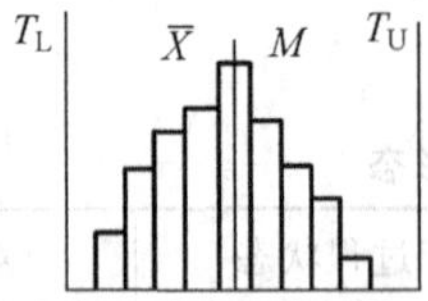 | 图形对称分布，两边有余量 | 生产过程稳定，理想状态 | 控制现状，监督生产过程 |
| 无富余型 | 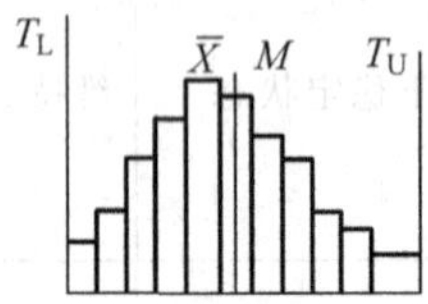 | 图形与公差重合，两边无余量 | 完全没有富余，容易出现废品 | 减小标准偏差 $S$ |
| 富余型 | 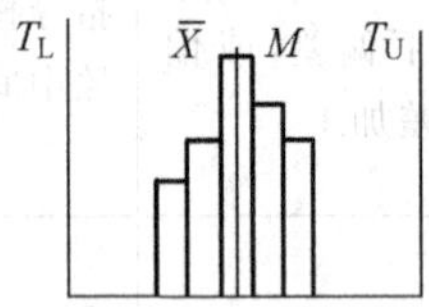 | 中心过分集中，两侧富余太多 | 工序能力过高，生产成本高 | 改变工艺，放宽加工精度，减少检测频次 |
| 偏心型 | 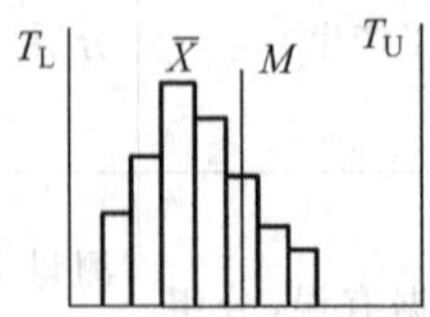 | 图形中心偏移 | 操作者习惯导致质量中心偏向一侧 | 生产过程中坚持中位公差生产，使分布中心与公差中心重合 |
| 能力不足型 | 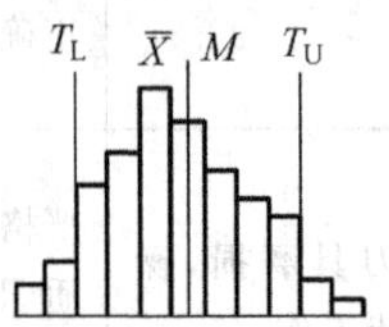 | 图形超越公差范围 | 检测结果表明，生产过程已经出现废品 | 减小标准偏差，放宽公差范围 |
| 陡壁型 | 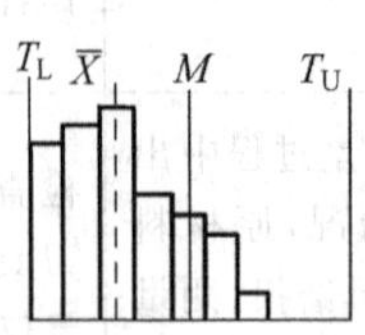 | 图形一侧超越公差范围 | 生产过程已经造成废品 | 应采取措施，分布中心与公差中心重合 |

### 3. 零件质量比较判断

根据标准样例，结合实际绘制的直方图（见图 2-6），首先要进行图形是否是呈正态分布的判断，再与公差标准进行对比，而后才能判断出造成零件质量的原因，依此确定改进措施。

此例中，直方图波形呈正态分布，图形正常，与零件的公差标准对比看，图形两侧与上下公差界限线尚有一定的空余，说明零件处于理想状态，生产过程比较稳定。

### 4. 解决问题的措施

通过上例分析，对于此零件的加工过程主要采取现状控制方法，对整个生产过程进行严密控制。

## 五、相关知识

### 1. 直方图的功能

直方图是一种反映数据分布规律的质量统计方法。

### 2. 直方图的数据波动与分布特点

① 集中性：所收集的数据围绕数据分布中心散布。
② 分散性：加工过程有波动，收集的测量数据有大小，且杂乱无章。

### 3. 直方图的用途

通过直方图的使用，主要起到以下作用。
① 生产过程的统计推断。
② 用于工序能力指数的计算及工序能力判断。
③ 寻找影响质量的原因。

### 4. 使用直方图的注意点

① 从样本测量值推测群体形态，直方图是最简单有效的方法。
② 绘制直方图应取得详细的数据资料。
③ 数据分组前应去除异常值。
④ 使用直方图进行过程管理及分析改善时，可以个别原因为主体，分别进行统计分析，将更容易找出问题的症结点。

## 六、任务布置

检测如图 2-7 所示的一批定位销，试收集 50 个数据，绘制直方图，判断质量情况，分析出现质量问题的可能原因，并提出解决问题的措施。

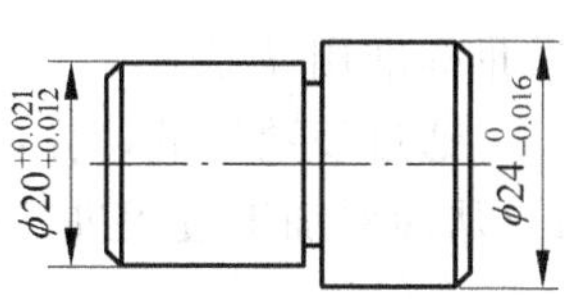

图 2-7　定位销

**思考**

① 直方图有何作用？
② 直方图绘制是否正确受到哪些因素的影响？
③ 用零件检测后获得的数据绘制直方图有何不足？

# 任务二 工序能力指数计算与工序能力判断

## 一、案例

根据本模块任务一中的齿轮轴毛坯直径直方图的相关要素，试计算其工序能力指数并判断工序能力。

## 二、案例分析

齿轮轴毛坯直径直方图确定后，获得了其直径的平均值 $\overline{X}$ 及标准差 $S$，这两个数据是进行齿轮轴毛坯生产工序能力判断的主要参数。而对于工序能力的判断，则首先要通过工序能力指数的计算来实现，即先计算出工序能力指数，再将工序能力指数与工序能力有关标准进行对比，即可判断出工序能力是否能够保证生产过程稳定地生产出合格产品。其流程为：

① 计算平均值 $\overline{X}$ 及标准差 $S$。
② 计算工序能力指数。
③ 对比工序能力标准。
④ 判断工序能力。
⑤ 提出工序改进措施。

## 三、工序能力指数计算及工序能力判断

### 1. 工序能力指数的概念

工序能力指数是表示工序能力满足制品质量标准程度的评价指标，用符号 $C_p$ 表示，质量标准用 $T$ 表示。

通过该数据的计算，可以与工序能力判断标准进行对比，而后得出工序能力强弱的结论，从而对加工过程进行调整。

### 2. 工序能力的判断

工序能力的判断可以以工序能力指数按照国家标准进行对比判定，常用的判定标准如表 2-15 所示。

### 3. 工序能力指数的计算方法

在实际产品的生产过程中，公差分布中心与样本统计质量特性值分布中心往往存在三类关系，在计算工序能力指数的时候，必须针对不同情况进行计算。

表 2-15　工序能力判断标准

| $C_p$ | 等级 | 判断标准 | 处理措施 |
|---|---|---|---|
| $C_p \geqslant 1.67$ | 特级 | 工序能力过高 | 为提高产品质量，对关键或主要项目再次缩小公差范围；或为提高效率、降低成本而放宽波动幅度，降低设备精度等级等 |
| $1.33 \leqslant C_p < 1.67$ | 1 级 | 工序能力充足 | 当不是关键或主要项目时，放宽波动幅度；降低对原材料的要求；简化质量检验，采用抽样检验或减少检验频次 |
| $1.00 \leqslant C_p < 1.33$ | 2 级 | 工序能力尚可 | 必须用控制图或其他方法对工序进行控制和监督，以便及时发现异常波动；对产品按正常规定进行检验 |
| $0.67 \leqslant C_p < 1.00$ | 3 级 | 工序能力不足 | 分析分散程度大的原因，制订措施加以改进，在不影响产品质量的情况下，放宽公差范围，加强质量检验，全数检验或增加检验频次 |
| $C_p < 0.67$ | 4 级 | 工序能力过低 | 一般应停止继续加工，找出原因，改进工艺，提高 $C_p$ 值，否则全数检验，挑出不合格品 |

(1) 双向偏差，且公差分布中心与样本统计质量特性值分布中心重合时工序能力指数的计算

工序能力指数计算公式为

$$C_p = \frac{T}{6\sigma} = \frac{T_U - T_L}{6\sigma}$$

式中，$T_U$ 表示上偏差；$T_L$ 表示下偏差。

**说明**

$\sigma$ 与 $S$ 都是标准差，前者是母体标准差，后者是子样标准差，两者有一定区别，但在实际工序能力计算中，可用 $S$ 来代替 $\sigma$。

(2) 双向偏差，且公差分布中心与样本统计质量特性值分布中心不重合(参见图 2-8)时工序能力指数的计算

工序能力指数计算公式为

$$C_{pk} = \frac{T - 2\varepsilon}{6\sigma}$$

式中，$C_{pk}$表示存在偏差的工序能力指数；$\varepsilon$ 表示绝对偏移量($|$公差中心值 $M-$样本中心值 $\mu|$)。

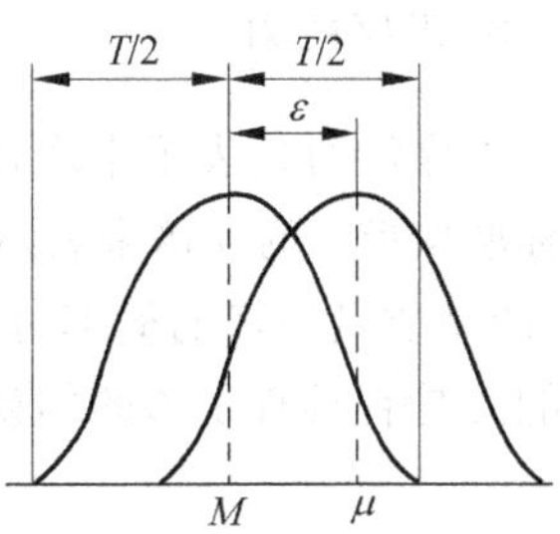

图 2-8　双向偏差、中心不重合

(3) 单向偏差时工序能力指数的计算

单向偏差是指质量特性技术要求以不大于或不小于某一基准值的形式出现的质量标准，其工序能力指数的计算公式为

$$C_{p上} = \frac{T_U - \mu}{3\sigma}$$

$$C_{p下} = \frac{\mu - T_L}{3\sigma}$$

(4) 计算案例中的工序能力指数

根据上述三个计算方法，结合本项目任务一中的案例（本案例属于双向偏差、中心偏移类）的实际，其工序能力指数的计算公式为

$$C_{pk} = \frac{T - 2\varepsilon}{6\sigma} = \frac{0.4 - 2 \times 0.0024}{6 \times 0.0687} = 0.96$$

(5) 结论

根据计算结果，$C_{pk}=0.96$，查表 2-15 工序能力判断标准，由于 $0.67 \leqslant C_{pk} < 1.00$，所以，属于 3 级工序能力，说明工序能力不足。

### 4. 解决问题的措施

根据工序能力评定表，本工序生产过程稳定的措施应该是：控制分散程度，加强检测次数。

## 四、相关知识

### 1. 母体

母体是指某一次统计中的研究对象的全体。注意，对于成批零件，母体指整批零件的全体；对于一道工序上的连续加工的制品，母体总量可以认为是无限的。

### 2. 样本

样本是指从母体中随机抽取一部分个体的集合，样本中的每个个体又称为样品。

### 3. 工序能力

工序能力是表示生产过程客观存在着分散的一个参数，常用符号 $\sigma$ 表示，国际上通常用标准偏差 $\sigma$ 的 6 倍来表示工序能力的大小。统计学研究表明，当质量分布范围取 $\mu \pm 3\sigma$ 时，产品质量合格的概率可达 99.73%，接近于 1。因此，以 $\pm 3\sigma$，即 $6\sigma$ 为标准来衡量工序的能力是否具有足够的精确度和良好的经济特性。

**小知识**

**千分之三零件验收标准**

一个零件的工序能力需要综合考虑制品的质量标准、加工成本等因素。加工精度越高，质量标准越高，制造成本就随之增大；加工精度过低，质量标准越低，制造成本明显下降，但是，零件却无法满足使用要求。因此，必须给零件规定一个合理

的工序能力范围，使其既满足使用要求、质量标准，生产制造成本又是最经济的。一般以千分之三为零件验收标准，即随机抽取的1000个零件里如果只出现3个以内的废品，那么这批零件合格。

#### 4. 工序能力指数

工序能力指数是指工序在一定时间里，处于控制状态（稳定状态）下的实际加工能力。

### 五、任务布置

有一批孔类零件，孔径尺寸要求 $\phi 50 \pm 0.017$mm，经检测、统计，发现该批零件的内孔尺寸标准差为0.047mm，假设零件的公差中心与样本分布中心重合，试计算其工序能力指数，并判断工序能力。

思考

① 工序能力越大越好吗？为什么？
② 产品质量验收通用标准是什么？

FOUR

## 项目四　零件加工质量控制技术2——控制图法

### 学习分目标

(1) 会根据收集数据确定控制界限。
(2) 会绘制控制图。
(3) 能在控制图上正确描述质量控制点。
(4) 会根据质量控制点变化规律判断生产过程的波动状况。
(5) 会分析质量失控原因并及时改善。

## 任务　控制图的使用

### 一、案例

加工如图2-9所示的一批微米级伺服电机传动轴，该轴直径为 $\phi 48_{-0.017}^{0}$mm 处对于伺服电机的传动平稳性起到决定性作用，因此，将其定为质量控制点，请绘制 $\overline{X}$-$R$ 计量值控制图，并判断生产过程是否稳定。

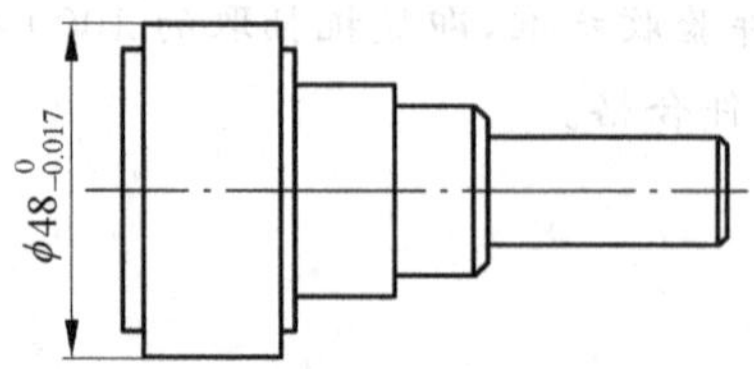


图 2-9　伺服电机传动轴

## 二、案例分析

在标准化作业的生产现场，必须对流水线上零件的各个工序设置质量控制点，并且要用质量控制图对产品的工序质量进行即时监控，以便清楚地显示零件的质量波动情况，从而及时发现异常并及时处理，将废品出现的可能消除在萌芽状态。

通常，首件试生产合格后，操作者只要按照一定的周期测量零件质量控制点，在生产技术部门提供的简易标准控制图的相应位置上描点，将这些点的分布特性与控制图标准进行对照，并判断生产是否处于稳定状态即可。当质量控制点出现波动时，就可以及时调整各加工要素，或停止生产，上报质量管理部门。

## 三、计量值控制图绘制步骤

生产过程中使用得最多的是平均值-极差（$\overline{X}$-$R$）计量值控制图，因此，这里仅以此为例，对计量值控制图的绘制方法加以说明。

### 1. 收集数据

本例中以现场抽样法绘制控制图为例（通常现场抽样法所取用的样本数不少于 50 个），在工序条件一定、工序能力充足的条件下，随机收集 50 个数据如表 2-16 所示。

表 2-16　伺服电机传动轴直径测量数据　　单位：mm

| | | | | | | | | | |
|---|---|---|---|---|---|---|---|---|---|
| 47.991 | 47.993 | 47.990 | 47.987 | 47.992 | 47.985 | 47.988 | 47.996 | 47.994 | 47.991 |
| 47.992 | 47.987 | 47.998 | 47.996 | 47.993 | 47.988 | 47.985 | 47.992 | 47.998 | 47.994 |
| 47.991 | 47.989 | 47.988 | 47.989 | 47.993 | 47.986 | 47.988 | 47.993 | 47.995 | 47.993 |
| 47.998 | 47.992 | 47.993 | 47.989 | 47.986 | 47.988 | 47.992 | 47.991 | 47.993 | 47.996 |
| 47.988 | 47.993 | 47.991 | 47.998 | 47.996 | 47.989 | 47.990 | 47.992 | 47.989 | 47.992 |

### 2. 数据分组

根据上述数据，确定每组数据 $n=5$ 个，共分 $K=10$ 组。

### 3. 填数据表

将分组数据填入数据表，如表 2-17 所示。

表 2-17　伺服电机传动轴直径数据分组表　　单位：mm

| 组号 | $x_1$ | $x_2$ | $x_3$ | $x_4$ | $x_5$ | $\sum x$ | $\overline{X}$ | $R$ |
|---|---|---|---|---|---|---|---|---|
| 1 | 47.991 | 47.993 | 47.990 | 47.987 | 47.992 | 239.953 | 47.9906 | 0.006 |
| 2 | 47.992 | 47.987 | 47.998 | 47.996 | 47.993 | 239.966 | 47.9932 | 0.011 |
| 3 | 47.991 | 47.989 | 47.988 | 47.989 | 47.993 | 239.950 | 47.9900 | 0.005 |
| 4 | 47.998 | 47.992 | 47.993 | 47.989 | 47.986 | 239.958 | 47.9916 | 0.012 |
| 5 | 47.988 | 47.993 | 47.991 | 47.998 | 47.996 | 239.966 | 47.9932 | 0.010 |
| 6 | 47.985 | 47.988 | 47.996 | 47.994 | 47.991 | 239.954 | 47.9908 | 0.011 |
| 7 | 47.988 | 47.985 | 47.992 | 47.998 | 47.994 | 239.957 | 47.9914 | 0.013 |
| 8 | 47.986 | 47.988 | 47.993 | 47.995 | 47.993 | 239.955 | 47.9910 | 0.009 |
| 9 | 47.988 | 47.992 | 47.991 | 47.993 | 47.996 | 239.960 | 47.9920 | 0.008 |
| 10 | 47.989 | 47.990 | 47.992 | 47.989 | 47.992 | 239.952 | 47.9904 | 0.003 |
| 累计 | | | | | | | 479.9142 | 0.088 |
| 平均 | | | | | | | $\overline{\overline{X}}=47.9914$ | $\overline{R}=0.0088$ |

### 4. 计算每组数据的平均值 $\overline{X}$ 及极差 $R$

第一组：

$$\overline{X}=\frac{\sum X}{n}=\frac{47.991+47.993+47.990+47.987+47.992}{5}=47.9906$$

$$R=X_{max}-X_{min}=47.993-47.987=0.006$$

其余各组以此类推。

### 5. 计算数据总平均值 $\overline{\overline{X}}$ 及极差平均值 $\overline{R}$

$$\overline{\overline{X}}=\frac{\sum \overline{X}}{k}=\frac{479.9142}{10}=47.9914$$

$$\overline{R}=\frac{\sum R}{k}=\frac{0.088}{10}=0.0088$$

### 6. 计算统计量的中心线和控制界限

（1）$\overline{X}$

$$
\begin{aligned}
\text{中心值 } C_L &= \overline{\overline{X}} = 47.9914 \\
U_{C_L} &= \overline{\overline{X}} + A_2\overline{R} \\
&= 47.9914 + 0.577 \times 0.0088 \\
&= 47.9965 \\
L_{C_L} &= \overline{\overline{X}} - A_2\overline{R} \\
&= 47.9914 - 0.577 \times 0.0088 \\
&= 47.9863
\end{aligned}
$$

式中，$A_2$ 为随样本大小变化的系数，参见表 2-18 选取。本例中 $n=5$，查表得 $A_2=0.577$。

（2）$R$

$$
\begin{aligned}
\text{中心值 } C_L &= \overline{R} = 0.0088 \\
U_{C_L} &= D_4\overline{R} \\
&= 2.115 \times 0.0088 \\
&= 0.0186 \\
L_{C_L} &= D_3\overline{R} = 0
\end{aligned}
$$

式中，$D_3$、$D_4$ 均为随样本大小而变化的系数，参见表 2-18 选取。本例中 $n=5$，查表得 $D_3=0$，$D_4=2.115$。

表 2-18　控制图用系数表

| $n$ | 2 | 3 | 4 | 5 | 6 | 7 | 8 | 9 | 10 |
|---|---|---|---|---|---|---|---|---|---|
| $A_2$ | 1.880 | 1.023 | 0.729 | 0.577 | 0.483 | 0.419 | 0.373 | 0.337 | 0.308 |
| $D_4$ | 3.267 | 2.575 | 2.282 | 2.115 | 2.004 | 1.924 | 1.864 | 1.816 | 1.777 |
| $E_2$ | 2.660 | 1.772 | 1.457 | 1.290 | 1.134 | 1.109 | 1.054 | 1.010 | 0.975 |
| $m_3A_2$ | 1.880 | 1.187 | 0.796 | 0.691 | 0.549 | 0.509 | 0.430 | 0.410 | 0.360 |
| $D_3$ | — | — | — | — | — | 0.076 | 0.136 | 0.184 | 0.223 |
| $d_2$ | 1.128 | 1.693 | 2.059 | 2.326 | 2.534 | 2.704 | 2.847 | 2.970 | 3.087 |

### 7. 作 $\overline{X}$-$R$ 计量值控制图

用坐标纸或者控制图专用纸，建立坐标系，横轴代表组号，纵轴代表质量特性值（即平均值或极差），坐标与中心线用实线表示，上下控制线用虚线表示，并在右端分别标出对应的 $U_{C_L}$、$C_L$、$L_{C_L}$ 的符号与值。

把各样本组平均值与极差在已经画有控制界线的控制图上打点，平均值图上打“·”，极差图上打“×”，并连接各点。当确认生产过程处于稳定状态时，就可以据此图判断产品质量的波动状态。

本例的控制图如图 2-10 所示。

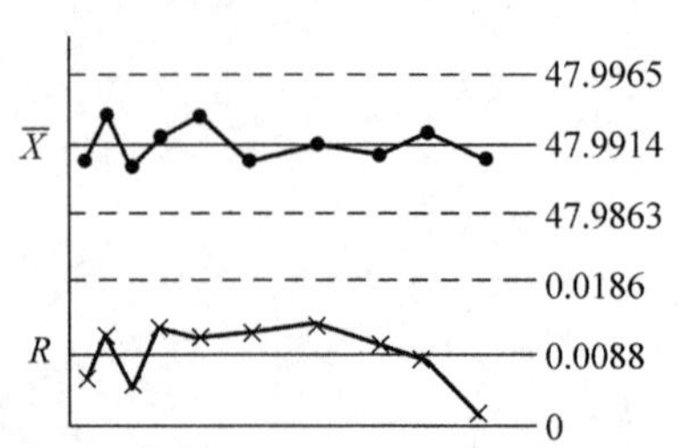


图 2-10　传动轴直径尺寸 $\overline{X}-R$ 计量值控制图

## 四、控制图的判断分析——缺陷判断

控制图常见的缺陷如表 2-19 所示。

**表 2-19　控制图常见的缺陷**

| 缺　陷 | 图　　例 | 原　　因 |
| --- | --- | --- |
| 点子排列成链状 | 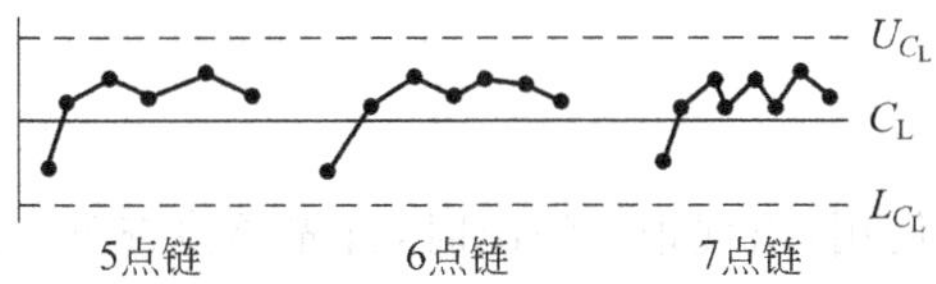 | 5 点链：应注意操作方法、工序或生产过程的发展动向<br>6 点链：应开始进行原因调查<br>7 点链：可判断为生产过程异常，已出现系统性因素的影响 |
| 多数点在中心线一侧 | 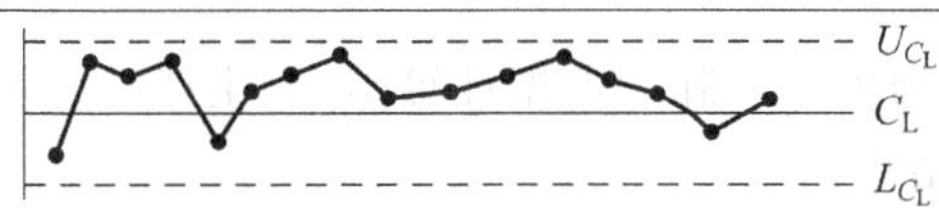 | 80％的点出现在中心线一侧，此时，生产过程出现了异常问题 |
| 趋势链 | 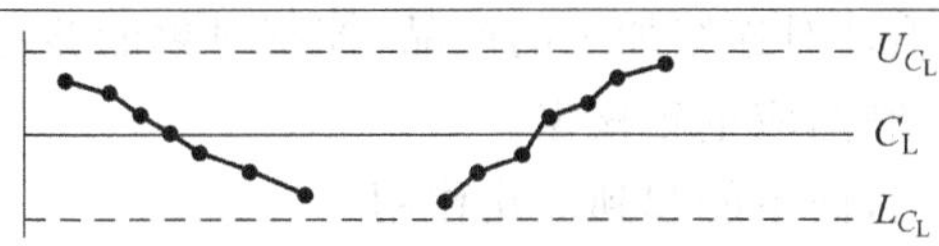 | 若干点连续上升或下降；连续 5 点注意发展动向，连续 7 点生产过程出现异常 |
| 周期性链 | 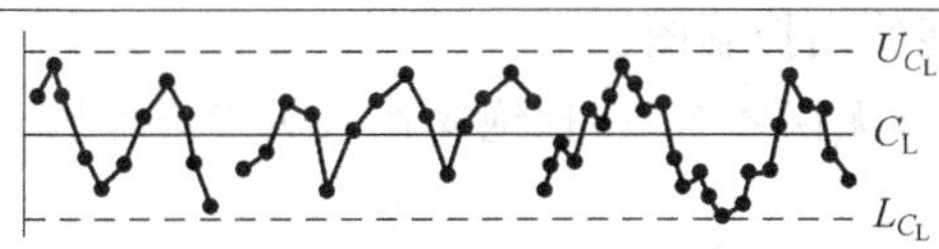 | 点子的波动呈现有规律的、明显的变动，生产过程出现异常 |
| 点子集中在中心线附近 | 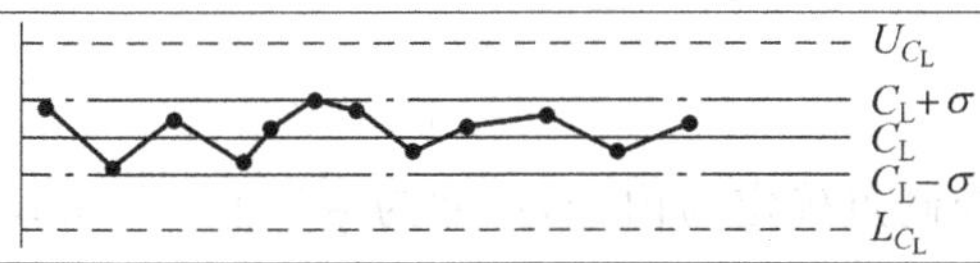 | 生产过程异常，工序能力过高；分组不当；操作人员弄虚作假，伪造数据 |
| 点子集中在上下线附近 | 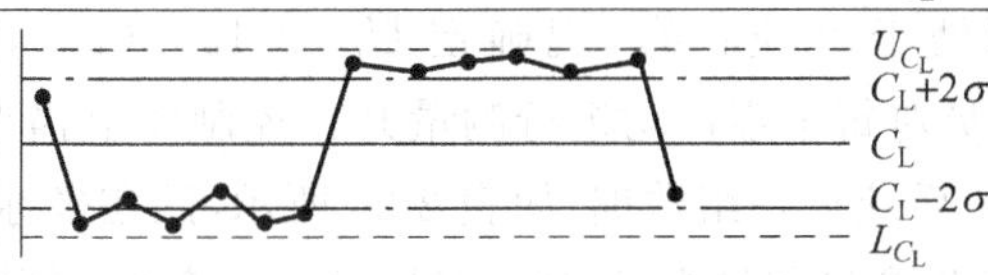 | 生产过程异常，点子多数靠近上下控制线，控制不当，将有废品产生 |

根据传动轴的控制图，参照控制图缺陷判断标准，可以清楚地看到，本工序能力较高，平均值均在中心线两侧较集中的地方。但是，$\overline{X}-R$ 图中中心线上面出现了 5 点链现象，说明有出现异常的趋势，操作员应该及时修正刀具磨耗参数，仔细测量并正确读数，或者将量具送往质检部门进行量具校正等。

## 五、相关知识

质量管理始于控制图，亦终于控制图。控制图是对生产过程中产品质量状况进行实时控制的统计工具，是质量控制中最重要的方法。

### 1. 控制图的作用

控制图是一种以预防为主的质量控制方法，主要利用现场收集到的质量特征值，绘制成控制图来分析判断生产过程的稳定性，及时发现生产过程中的异常现象，以消除造成系统误差与随机误差的各要素，防止废品与次品的出现，并为评定产品质量提供依据。其主要作用如下：

① 经济、实时地预警。

② 有效地预测。

③ 提高品质，提升效率，降低成本。

④ 合理利用设备。

### 2. 使用控制图的注意事项

① 控制图必须在生产现场使用，出现报警情况时，首先要检查测量读数、描点等要素无误后，再分析系统问题。

② 控制图的控制线只能根据生产实际的数据计算出来，生产一线用的控制图界限值是收集以往数据计算后得到的结果。

③ 工序上使用的控制图必须针对连续加工的产品，控制对象能够定量。

④ 生产条件发生变化时，控制图应重新核定。

⑤ 控制图只能起到预防作用，而不能起到优化作用。

⑥ 当工序能力不足时，不能使用控制图。

⑦ 控制图描点数据必须正确无误才有效，杜绝操作人员弄虚作假。

## 六、任务布置

某企业生产一批法兰盘，控制点确定为内径，尺寸为 $\phi 150^{+0.027}_{0}$ mm，经生产技术部门工艺安排，生产过程各要素均处于可控状态，现确定 $U_{C_L}=150.0267$，$C_L=150.0135$，$L_{C_L}=150.0003$，要求现场操作员对每个零件均进行测量并在控制图上描点，以监控生产过程波动情况。现场操作员经测量后获得一组数据，如表 2-20 所示，试在坐标纸上作出该控制图并根据控制图缺陷判断表判断生产过程是否稳定？如果不稳定，该采取何措施予以解决？

表 2-20 法兰盘内径尺寸数据表

| 测量次序 | 1 | 2 | 3 | 4 | 5 | 6 | 7 | 8 |
|---|---|---|---|---|---|---|---|---|
| 测量值/mm | 150.017 | 150.020 | 150.013 | 150.015 | 150.019 | 150.017 | 150.013 | 150.012 |
| 测量次序 | 9 | 10 | 11 | 12 | 13 | 14 | 15 | 16 |
| 测量值/mm | 150.014 | 150.016 | 150.019 | 150.017 | 150.019 | 150.021 | 150.023 | 150.025 |

思考

① 控制图与直方图相比，有何区别？

② 控制图的作用是什么？

③ 作为一名现场操作员，应该如何保证控制图的正确性？

03

模块三

# 零件尺寸的测量

## 学习总目标

(1) 会使用各类量具测量零件尺寸。
(2) 会根据零件图正确选择量具。
(3) 会编制零件的测量数据表。
(4) 会保养各类量具。

ONE

# 项目一 长度的测量

## 学习分目标

(1) 会使用直尺、游标卡尺等通用量具测量零件的长度尺寸。

(2) 会根据零件图尺寸要求正确选择量具。

(3) 会编制零件长度尺寸的测量数据表。

(4) 会保养游标卡尺、千分尺等量具。

## 任务一 用直尺测量零件长度

### 一、案例

测量如图 3-1 所示的圆柱销长度,并判断零件长度是否合格。

### 二、案例分析

圆柱销是机械零件中最通用的零件之一,主要用于机械连接、定位等场合,根据使用场合的不同,其加工要求也不同。本例中零件长度为 $84_{-0.5}^{\ 0}$mm,长度方向公差为 0.5mm,只要检测的圆柱销长度尺寸在最长 84mm、最短 83.5mm 范围内,那么零件的长度都是合格的。

### 三、测量工具选择

由于圆柱销长度方向公差为 0.5mm,零件长度方向精度要求不高,因此,可以采用规格为 150mm 的钢直尺测量。

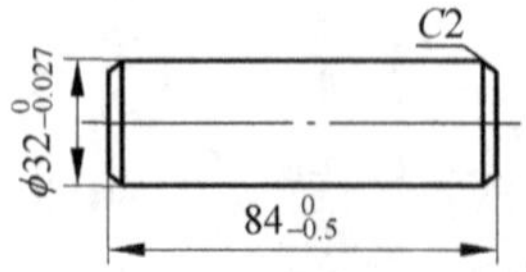


图 3-1 圆柱销

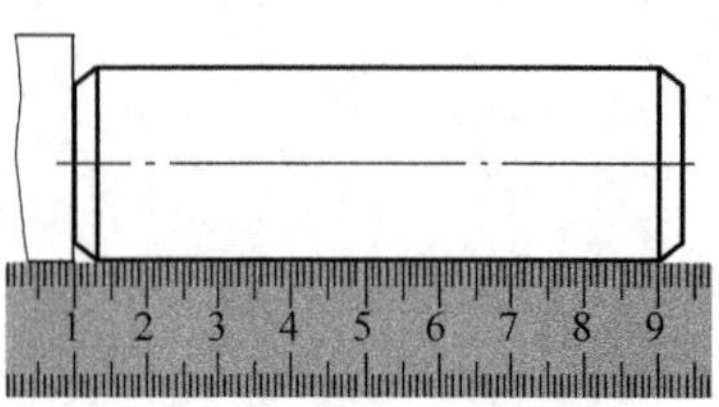


图 3-2 圆柱销长度测量示意图

## 四、测量方法、步骤与数据处理

### 1. 测量方法与步骤

① 用棉布将圆柱销外表面擦拭干净，左端紧靠某一光整平面，参见图 3-2。
② 将钢直尺擦拭干净，取某一厘米单位刻度为测量起点，与销左端面平齐。
③ 将钢直尺侧面紧贴销外圆表面。
④ 观察销右端面与钢直尺刻度对齐的位置，并读出读数。
⑤ 在测量数据记载表上记下测量结果。
⑥ 在圆柱销表面取 5 个位置测量，记下每次测量结果，取平均值即为圆柱销实际长度。

**小知识**

**钢直尺读数方法**

钢直尺的刻线间距为 1mm，而刻线本身的宽度只有 0.1～0.2mm，所以测量时读数误差比较大，只能读出毫米数，即它的最小读数值为 1mm，比 1mm 小的数值，只能估计而得。

### 2. 测量数据处理

将测量结果分别记入测量数据表中，取其平均值即为零件的长度尺寸，参见表 3-1。

**表 3-1　圆柱销长度测量数据表**

| 测量次数 | 1 | 2 | 3 | 4 | 5 | 平均值 |
|---|---|---|---|---|---|---|
| 测量值/mm | 83.7 | 83.8 | 83.7 | 83.7 | 83.8 | 83.74 |

结论：圆柱销的长度为 83.74mm，测量结果反映零件长度合格。

## 五、相关知识

### 1. 钢直尺使用注意事项

① 使待测物贴近刻度尺的刻度线，读数时视线要垂直刻度尺。
② 在刻度尺上任选一厘米刻度线作为测量的起点线。
③ 刻度尺的刻度可能不够均匀，在测量时要选取不同起点进行多次测量，然后取平均值。

④ 学会正确读数和记录的方法。当被测长度的一端和刻度尺零刻度线对齐，另一端位于两个最小刻度之间时，只能用眼睛估读，因而是不准确的；记录的数字要比刻度尺的最小刻度的示数多一位。

### 2. 钢直尺日常保养

① 不得弯曲钢直尺，避免弯曲过度后精度下降。

② 不得将直尺刻度剥离，以影响读数。

③ 不得用直尺头部铲刮垃圾、开启螺钉或清除垃圾。

④ 钢直尺使用后应用棉布擦拭干净，放入规定的地方。

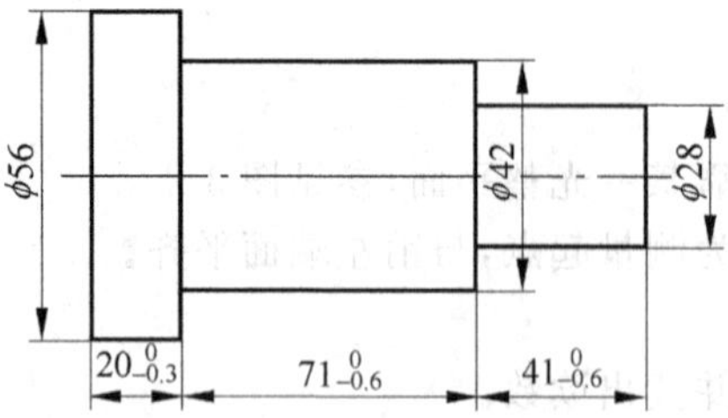


图 3-3 台阶轴

## 六、任务布置

试用直尺测量如图 3-3 所示台阶轴零件的各台阶长度，写出测量步骤，记录测量数据，填写测量数据表，判断零件各台阶长度是否合格。

思考

① 直尺测量零件长度能够得到准确测量值吗？为什么？它能精确到哪个单位？

② 为什么直尺测量时要以厘米单位刻度为测量基准？

# 任务二 用游标卡尺测量零件长度

## 一、案例

如图 3-4 所示零件是某冲压模上的打料板，模具制作中，本工序加工主要控制 $65_{-0.12}^{0}$ mm 这个尺寸，试选用合适的量具检测。

## 二、案例分析

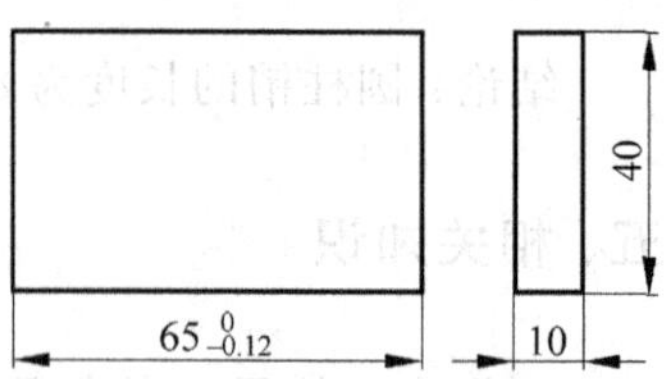


图 3-4 冲压模打料板

打料板在冲压模具上比较多见。零件从板料上切除后，需要用打料板沿一定的方向将它推出加工区域，因此打料板的长度尺寸要加以控制。

从图 3-4 可见，该打料板长度方向公差为 0.12mm，其余均是自由尺寸，因此该长度尺寸需要重点控制。加工过程中，零件长度的最大尺寸不能超过 65mm，最小尺寸则不得小于 64.88mm，在此尺寸范围内，打料板能够正常工作。

## 三、测量工具选择

本例中零件长度为 65mm，长度方向尺寸公差为 0.12mm，一般游标卡尺能够满足精度要求。因此，选用 150mm、0.02mm 精度的游标卡尺进行检测。

## 四、测量方法、步骤与数据处理

### 1. 测量方法与步骤

① 将游标卡尺两外测量面擦干净，使其并拢，检查主副尺零刻度线是否对齐，参见图 3-5。

② 右手握住尺身，大拇指移动游标副尺，左手持打料板使其位于左右外测量爪之间。

③ 推动游标副尺将测量爪与打料板长度方向两侧贴紧，力度要适当，不可压得太紧，视线与标尺刻线方向一致即可读数，参见图 3-6。

④ 测量时量爪的位置要正确，不可出现如图 3-7 所示的错误。

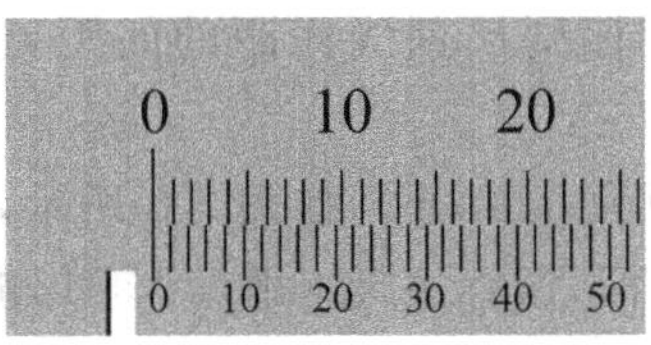


图 3-5　主副尺零刻度线应对齐

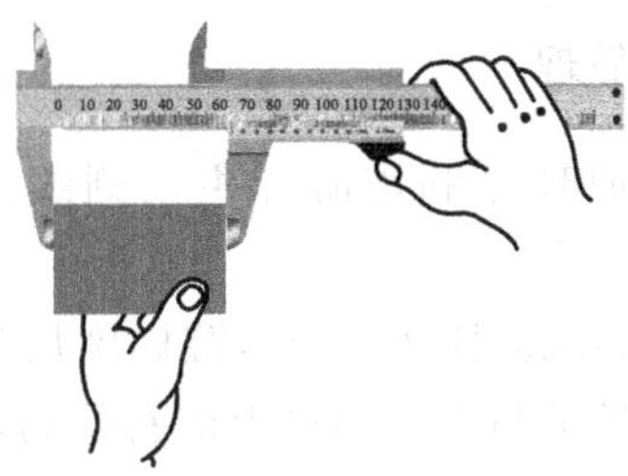

图 3-6　游标卡尺正确测量方法

图 3-7　副尺倾斜

⑤ 读取刻度值，记入测量数据表 3-2 内。

⑥ 按照上述步骤再测量 5 次，取 5 个数据的平均值为打料板的长度值。

⑦ 测量结束后，应用干净棉布将游标卡尺擦干净，放入游标卡尺盒内固定位置。

### 2. 测量数据处理

如表 3-2 所示为打料板的测量数据表。

表 3-2　打料板测量数据表

| 测量次数 | 1 | 2 | 3 | 4 | 5 | 平均值 |
|---|---|---|---|---|---|---|
| 测量值/mm | 64.92 | 64.95 | 64.90 | 64.91 | 64.94 | 64.924 |

结论：测量打料板获得的长度平均值为 64.924mm，零件合格。

## 五、相关知识

### 1. 游标卡尺结构

游标卡尺因类型不同，结构也有所不同。游标卡尺一般由游标主尺、游标副尺、左右外测量爪、左右内测量爪及锁紧机构等组成。主尺上有毫米刻度，游标尺上的刻线间距不同，其所能读出的最小单位量值（分度值）也不同，常见的有 0.02mm、0.05mm。如图 3-8

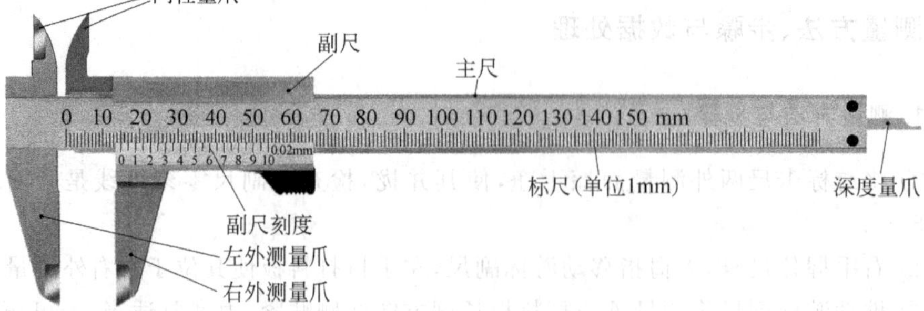


图 3-8 游标卡尺的结构图

所示为 0.02mm 的游标卡尺。

### 2. 游标卡尺读数原理

游标卡尺的读数原理是利用游标主尺刻线间距与游标副尺刻线间距的间距差实现的。

常用的游标卡尺刻线间距为 1mm，游标副尺刻线间距为 0.9mm。如图 3-8 所示，当游标主尺上的左外测量爪与游标副尺上的右外测量爪贴合时，游标主尺上的"0"刻线与游标副尺上的"0"刻线对齐，此时量爪间的距离为"0"。当游标副尺向右移动到某一位置时，游标主尺量爪与游标副尺量爪之间的距离就是零件的测量尺寸。此时零件尺寸的整数部分，可在游标副尺零线左边的游标主尺刻线上读出来，而比 1mm 小的小数部分，可通过游标副尺上刻线与游标主尺上刻线相对齐的位置来读出。

观察如图 3-9 所示游标卡尺读数示意图，可读出游标主尺上的刻线读数为 32mm，游标副尺上为 0.14mm 刻线与游标主尺上的刻线对齐，因此，游标副尺上的刻线读数为 0.14mm，最后的测量结果为游标主尺刻线读数与游标副尺刻线读数之和，即

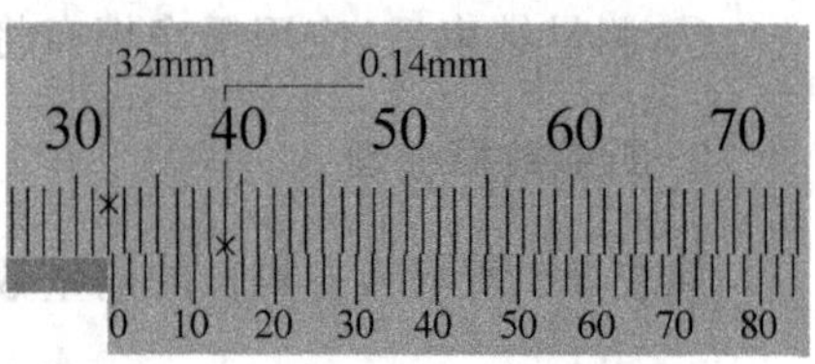


图 3-9 游标卡尺读数示意图

$$32\text{mm}+0.14\text{mm}=32.14\text{mm}$$

### 3. 游标卡尺使用注意事项

① 不能测量超出测量范围的被测尺寸。

② 移动游标时力量要适度，测量力不易过大。

③ 测量应在工件冷却后进行，防止温度对测量精度的影响。

④ 不得用游标卡尺测量运动工件。

⑤ 不得将游标卡尺当做工具使用，不得用来拧螺钉、铲除铁丝和垃圾等。

⑥ 不得将游标卡尺乱扔乱放。

⑦ 不得用砂纸等硬物擦拭卡尺的任何部位，非专业修理量具人员不得进行拆卸和调修。

## 六、任务布置

用本任务介绍的知识，测量如图 3-10 所示的冲压模具插片，正确测量并记录数据，判断零件实际尺寸是否符合图纸要求。

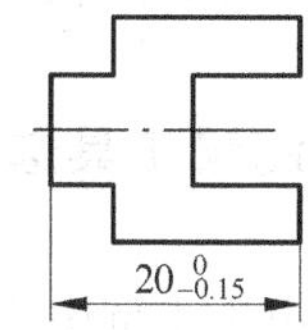


图 3-10　冲压模插片

**思考**

① 游标卡尺测量时，如何正确读数？使用中应注意哪些问题？

② 如图 3-11 所示各刻度所表达的尺寸分别是多少？

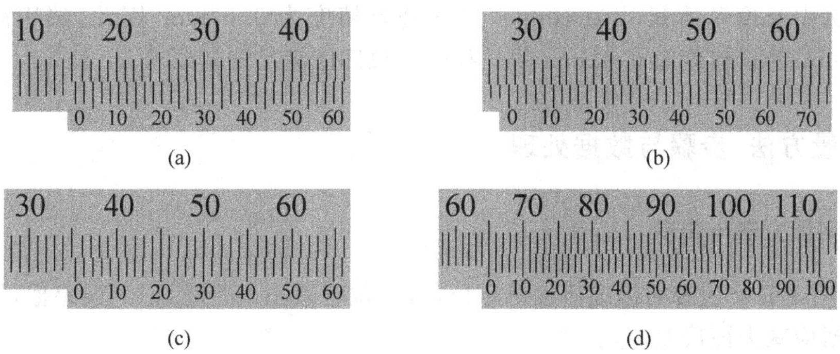


图 3-11　游标卡尺读数练习图

# 任务三　用外径千分尺测量零件长度

## 一、案例

如图 3-12 所示零件是某冲压模上的冲头凸模，本工序加工主要控制 $40_{-0.03}^{0}$ mm 这个尺寸，试选用合适的量具检测。

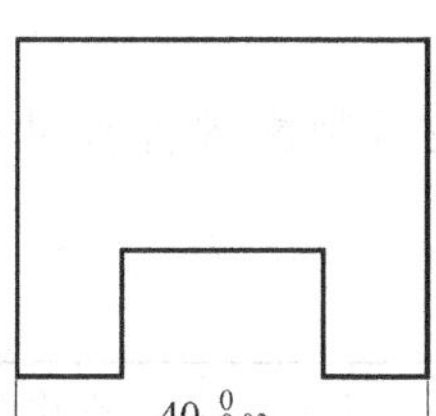


图 3-12　冲压模冲头

## 二、案例分析

冲压模的冲头凸模总是与凹模一起配合冲切板材，因此，凹凸模之间的间隙配合有较高的要求，加工过程中，需要对此尺寸进行严格控制。

此例中，冲头长度方向为 $40_{-0.03}^{\ 0}$ mm，在整个长度方向取不同测量点测量时，各个测量点的尺寸必须保证在最大长度尺寸 40mm、最小长度尺寸 39.97mm 之间，超越此尺寸范围，产品即判定为不合格。

## 三、测量工具选择

由于本例中产品的精度要求较高，尺寸公差为 0.03mm，游标卡尺的测量精度为 0.02mm，已经不能保证测量精度要求，因此，选用千分尺进行测量。

千分尺的测量范围有 0～25mm、25～50mm、50～75mm、75～100mm 等多种规格，精度有 0.01mm 和 0.001mm 两种，0.01mm 精度的称为百分尺，0.001mm 精度的称为千分尺。在工厂习惯上统称为千分尺。

案例中长度基本尺寸为 40mm，尺寸公差精度为 0.03mm，因此，选用测量范围为 25～50mm、测量精度为 0.01mm 的外径千分尺即能满足测量要求。

## 四、测量方法、步骤与数据处理

### 1. 测量方法与步骤

① 用千分尺随带的标准棒校对零位，若零位有微小误差时，记下误差值(零件的实际测量数据应减去该误差值)。

② 擦干净千分尺测量头及工件两侧，防止灰尘引起读数误差。

③ 将工件置于千分尺两测量砧中间，千分尺两砧中心连线与被测量工件侧面垂直，不得倾斜，见如图 3-13 所示的测量示意图。

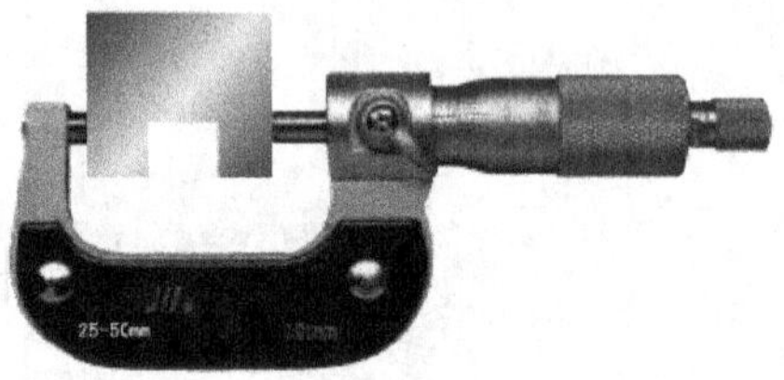

图 3-13 千分尺测量示意图

④ 转动测力装置，使测量砧表面保持适当的测量压力，听到“嘎嘎嘎”的声音时表示压力合适，可开始读数，每个读数必须估算到测量精度后一位，即微米级精度。

⑤ 在零件长度方向两侧分别取 5 个测量点，读取不同测量位置的尺寸，并做好记录。

⑥ 测量结束，将千分尺擦拭干净，测量头回归零位，按规定放入千分尺盒内。

### 2. 测量数据处理

将上述 5 次测量结果填入表 3-3 中，并进行平均值计算，最后判断零件尺寸的合格性。

表 3-3 冲压模冲头测量数据表

| 测量次数 | 1 | 2 | 3 | 4 | 5 | 平均值 |
|---|---|---|---|---|---|---|
| 测量值/mm | 39.986 | 39.992 | 39.987 | 39.991 | 39.989 | 39.989 |

结论：平均尺寸为 39.989mm，符合尺寸精度要求，产品合格。

## 五、相关知识

### 1. 外径千分尺结构

千分尺的结构主要由尺架、微分筒、固定刻度套筒、测力装置、测量面、锁紧机构等组成，如图 3-14 所示为 0～25mm 外径千分尺的结构。

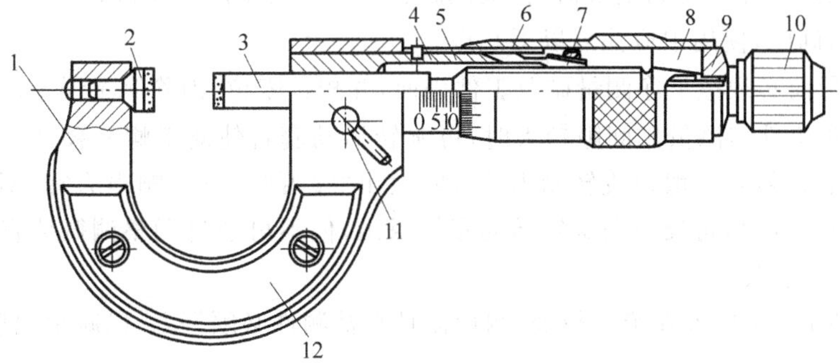

**图 3-14　0～25mm 外径千分尺**

1—尺架；2—固定测砧；3—测微螺杆；4—螺纹轴套；5—固定刻度套筒；6—微分筒；7—调节螺母；8—接头；9—垫片；10—测力装置；11—锁紧螺钉；12—绝热板

### 2. 千分尺读数原理

千分尺是依据螺旋放大的原理制成。如图 3-15 所示，测微螺杆 3 通过微分筒 6 的作用，在调节螺母 7 中旋转一周，便沿着旋转轴线方向前进或后退一个螺距。测微螺杆 3 沿轴线方向移动的微小距离，则由微分筒 6 圆周上的读数表示出来。

千分尺的精密螺纹螺距一般为 0.5mm，微分筒 6 圆周上的刻度为 50 等分，微分筒 6 旋转一周，测微螺杆 3 可前进或后退 0.5mm。沿微分筒 6 圆周上的刻度旋转每一小格刻度，测微螺杆 3 前进或后退 0.5/50＝0.01mm。可见，微分筒 6 圆周上刻度表示每一小格 0.01mm，由于每小格刻度还能再估读一位，可读到毫米的千分位，所以，千分尺可精确到 0.01mm，估读到 0.001mm。

如图 3-15 所示为外径千分尺读数示意图。

外径千分尺的读数由固定套管、活动套管、固定套管刻度、活动套管刻度及水平线五部分组成。固定套管刻度表示毫米单位；水平线以上是毫米单位，以下是 0.5mm 单位；活动套管刻度分 50 小格，每小格 0.01mm。

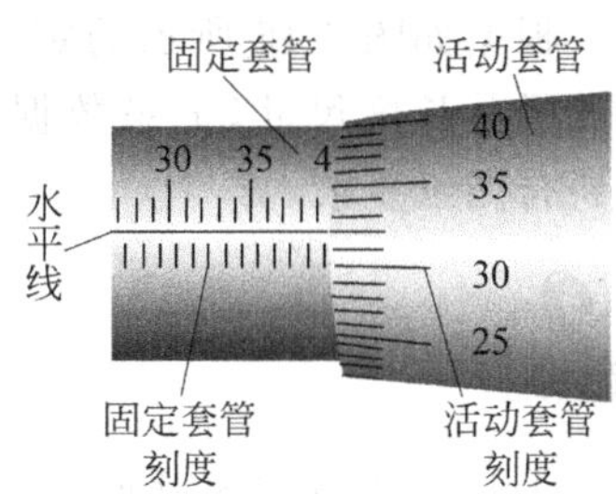


**图 3-15　外径千分尺读数示意图**

读数时，首先判断固定套管刻度线，然后观察水平线与活动套管上刻度相对应的位置，再估算微米单位，最后将三个数据相加。如图 3-16 所示尺寸为：

固定套管刻度　39.5mm

活动套管刻度　0.01mm/格×32 格=0.32mm

估算刻度　0.002mm

最终尺寸　39.5mm+0.32mm+0.002mm=39.822mm

### 3. 千分尺使用注意事项

千分尺是一种精密测量仪器，在机械制造类企业的生产现场得到广泛应用，为了保证其测量的精确度，使用中应注意以下几点。

① 测量前必须擦干净测量砧及工件表面，并校正零位，消除测量误差。

② 测量工件与测量砧间隙较大时，可旋转活动套管使测微螺杆移动，当测量砧与被测量物表面接触后，一般以旋转测力装置时发出“嘎嘎嘎”三声响声为宜，不可强行转动；当退出测量工件时，可反方向旋转活动套管退出，但不可通过调整测微装置而退出，以避免影响千分尺精度。

③ 测量时，手应握在绝热板处，测量器具与被测件必须等温，以减少温度对测量精度的影响。

④ 测量读数时要特别注意半毫米刻度的读取，可估计读数到 0.001mm。

⑤ 千分尺用毕，应用纱布擦干净，在测量砧与螺杆之间留出一点空隙，放入盒中。

### 4. 千分尺的维护与保养

① 不能用千分尺测量运动着的被测件。

② 不能用千分尺测量表面粗糙的被测件。

③ 不得将千分尺当做工具使用，敲击加工工件。

④ 不得将千分尺的测微螺杆用紧固螺钉紧固后当做卡规使用。

⑤ 使用千分尺时，要轻拿轻放，不能将它与手锤、扳手等工具放在一起。

⑥ 非专业修理量具人员不得进行拆卸和调修。

## 六、任务布置

根据如图 3-16 所示的定位销，正确选用千分尺测量其长度尺寸，记录数据并判断零件长度是否符合图纸要求。

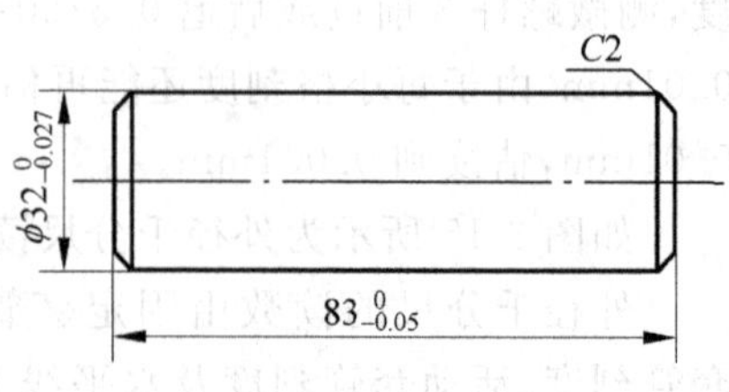


图 3-16　定位销

思考

① 千分尺测量零件时，应该如何正确读数？使用中应注意哪些问题？

② 读出如图 3-17 所示各刻度的尺寸。

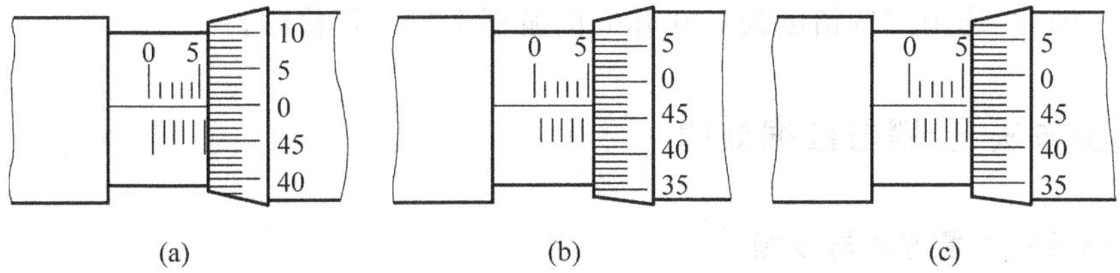


图 3-17 千分尺读数练习图

③ 试分析用直尺、游标卡尺及千分尺测量长度有何区别？

TWO

# 项目二 轴径的测量

## 学习分目标

(1) 会使用游标卡尺、千分尺测量轴类零件的直径。

(2) 会根据零件图尺寸要求正确选择量具。

(3) 会编写轴径类零件的测量数据表。

(4) 会保养游标卡尺、千分尺等量具。

## 任务一 用游标卡尺测量轴径

### 一、案例

如图 3-18 所示是某滑移齿轮毛坯零件图，本工序主要在车床上加工零件的外径，加工过程中主要控制 $\phi48_{-0.20}^{\ 0}$mm 这个尺寸，试选用合适的量具检测。

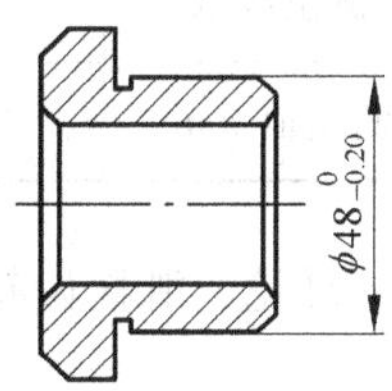


图 3-18 滑移齿轮毛坯

### 二、案例分析

滑移齿轮用于变速机构，起改变传动比作用。本工序加工要求不高，检测中，主要保证所检测尺寸的最大直径不大于 48mm，最小直径不小于 47.8mm 即可。

### 三、测量工具选择

本案例产品尺寸精度要求不高，尺寸公差为 0.2mm，一般游标卡尺测量即能满足检测要求。因此,选用测量精度为 0.02mm 的游标卡尺进行检测。

## 四、测量方法、步骤与数据处理

### 1. 轴径的测量方法与步骤

① 将游标卡尺两外测量面擦干净,检查游标主、副尺零刻度线是否对齐。

② 将被测齿轮毛坯外圆表面擦干净。

③ 将工件放置在合适位置,游标卡尺左右外测量爪贴紧被测工件外径,如图 3-19 所示。

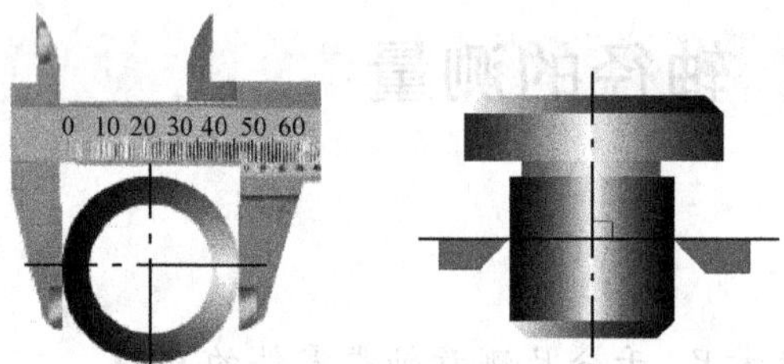


图 3-19 滑移齿轮外径测量图

④ 读取刻度值,记入测量数据表 3-4 中。

⑤ 按照上述步骤在外径不同位置测量 5 次,取 5 个数据的平均值即为滑移齿轮毛坯的外径值。

⑥ 测量结束后,应用干净棉布将游标卡尺擦干净,放入游标卡尺盒内固定位置。

### 2. 测量数据处理

将 5 次测量结果填入表 3-4 中,并计算其平均值,判断零件尺寸是否合格。

表 3-4 滑移齿轮测量数据表

| 测量次数 | 1 | 2 | 3 | 4 | 5 | 平均值 |
|---|---|---|---|---|---|---|
| 测量值/mm | 47.94 | 47.94 | 47.92 | 47.90 | 47.92 | 47.92 |

结论:滑移齿轮直径平均尺寸为 47.92mm,零件合格。

## 五、相关知识

游标卡尺测量轴径时,要注意如图 3-20 所示的四种不正确测量方式,不正确的测量方法必然引起量具读数的错误,在实际练习中应引起高度重视。

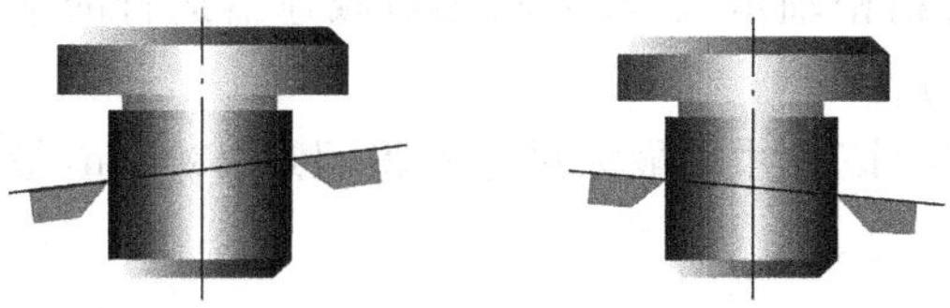

(a) 游标卡尺与轴径中心线倾斜

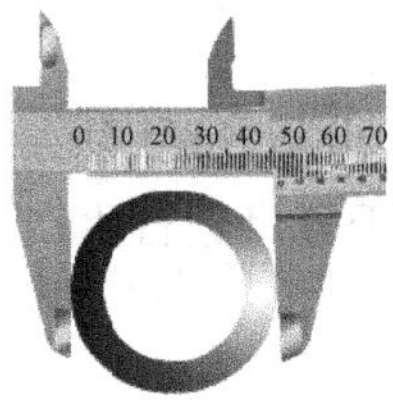


(b) 左右外测量爪倾斜

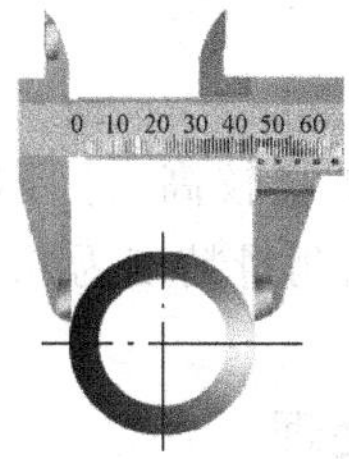


(c) 测量位置不到位

图 3-20　游标卡尺测量轴径不正确方式示意图

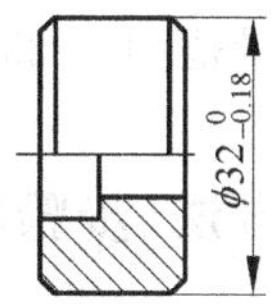


图 3-21　轴套

## 六、任务布置

根据如图 3-21 所示的轴套零件，用游标卡尺正确测量其直径尺寸，记录数据，编写测量数据表并判断零件是否符合图纸要求。

**思考**

① 试说明用游标卡尺测量轴径的步骤。

② 用游标卡尺测量轴径需要注意哪些问题？

# 任务二　用外径千分尺测量轴径

## 一、案例

如图 3-22 所示的零件为某精密减速器上的轴承衬套，本工序加工重点控制 $\phi 30_{-0.027}^{\ 0}$ mm 这个尺寸，试选择合适的量具进行生产过程尺寸控制。

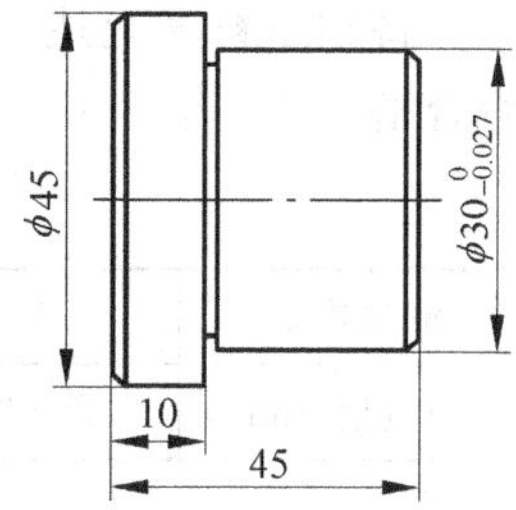


图 3-22　轴承衬套

## 二、案例分析

减速器轴承衬套主要用于支承作用，$\phi 30$mm 轴径与减速器机体上的孔相配合，内部安装有精密轴承，其尺寸精度对减速器运行的平稳性有很大影响，因此，此处尺寸精度要求较高。

在实际生产过程中，必须保证该尺寸的最大尺寸不得超过 $\phi$30mm，最小尺寸不得小于 $\phi$29.973mm。

## 三、测量工具选择

本案例所需控制尺寸精度要求较高，外径尺寸为 $\phi$30mm，尺寸公差为 0.027mm，因此，选用测量范围为 25～50mm、测量精度为 0.01mm 的千分尺进行生产过程尺寸控制。

## 四、测量方法、步骤与数据处理

### 1. 测量方法与步骤

① 用 25mm 标准棒校正千分尺零刻度，并记录误差值。

② 用干净布料擦净千分尺两测量砧及工件被测表面。

③ 将工件置于两测量砧之间，千分尺两砧中心连线与被测量工件中心线垂直，不得倾斜，见图 3-23 所示的测量示意图。

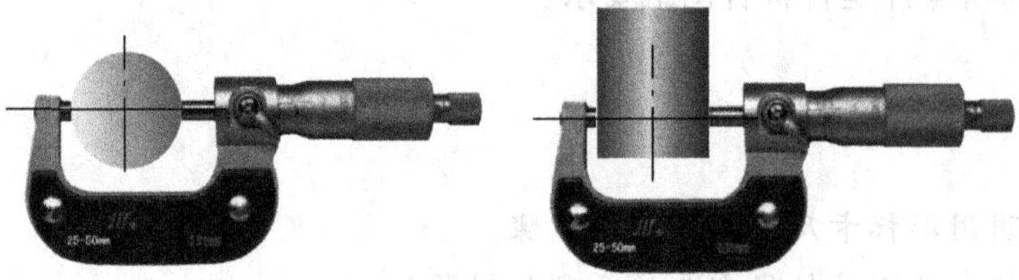

图 3-23　千分尺测量轴承衬套示意图

④ 转动测力装置，使测量砧表面接触工件外径，听到"嘎嘎嘎"的声音时表示压力合适，可开始读数，每个读数必须估算到测量精度后一位，即微米级精度。

⑤ 在零件外径上分别取 5 个测量点，读取不同测量位置的尺寸，并做好记录。

⑥ 测量结束，将千分尺擦拭干净，测量头回归零位，按规定放入千分尺盒内。

### 2. 测量数据处理

将轴承衬套上述 5 次外径测量结果填入表 3-5 中，并计算其平均值，判断零件尺寸是否合格。

表 3-5　轴承衬套外径测量数据表

| 测量次数 | 1 | 2 | 3 | 4 | 5 | 平均值 |
|---|---|---|---|---|---|---|
| 测量值/mm | 29.982 | 29.971 | 29.980 | 29.971 | 29.973 | 29.9754 |

结论：测量结果表明，平均尺寸符合要求，但是，出现两处测量结果超差，可能存在产品装夹过紧导致工件变形问题，不合格。

## 五、相关知识

### 1. 千分尺测量轴径常用手法

千分尺是轴径尺寸精密检测最常用的工具之一，其检测手法参见图 3-24。

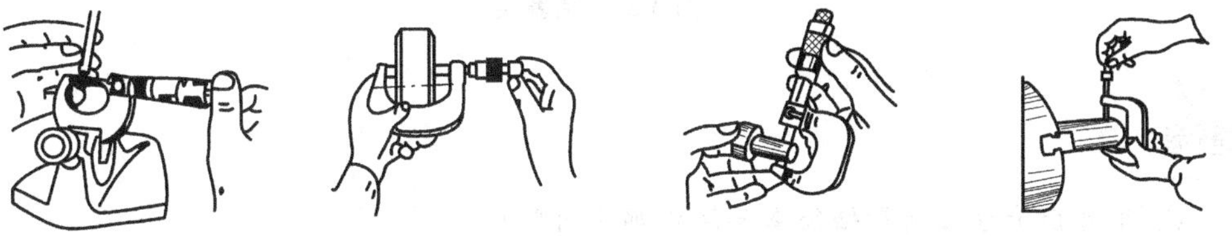

(a) 测量座上检测零件　(b) 手持式检测工件厚度　(c) 手持式检测工件外径　(d) 在卡盘上检测工件

图 3-24　千分尺测量轴径常用手法

### 2. 千分尺测量轴径常见错误

使用千分尺进行轴径检测，常见的错误测量方法主要有测量中心与工件中心倾斜、测量中心高于或低于工件中心等几种，这些错误的测量方式都会引起零件尺寸读数错误，参见图 3-25。

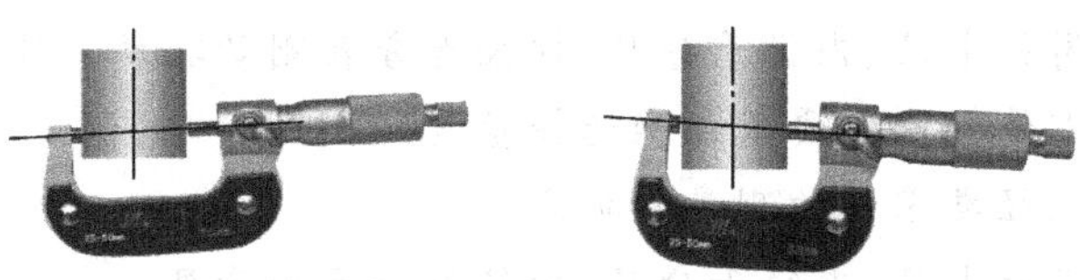

(a) 测量中心线与工件中心倾斜

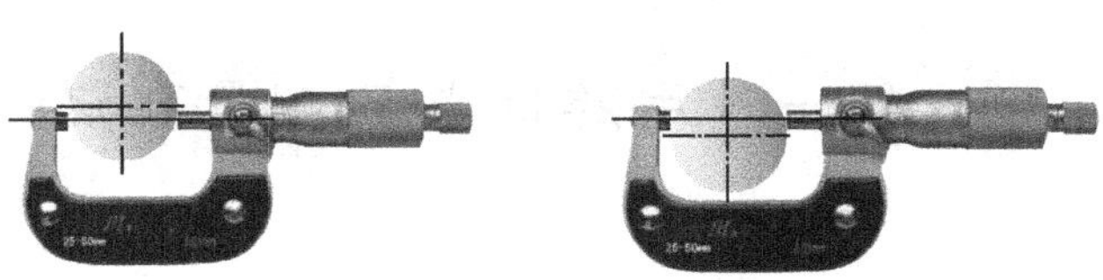

(b) 测量中心低于工件中心　(c) 测量中心高于工件中心

图 3-25　千分尺测量轴径常见错误

## 六、任务布置

在车床上加工如图 3-26 所示的活塞头，试用千分尺检测外径尺寸 $\phi 36_{-0.021}^{\ 0}$ mm，记录测量数据并判断该零件是否合格。

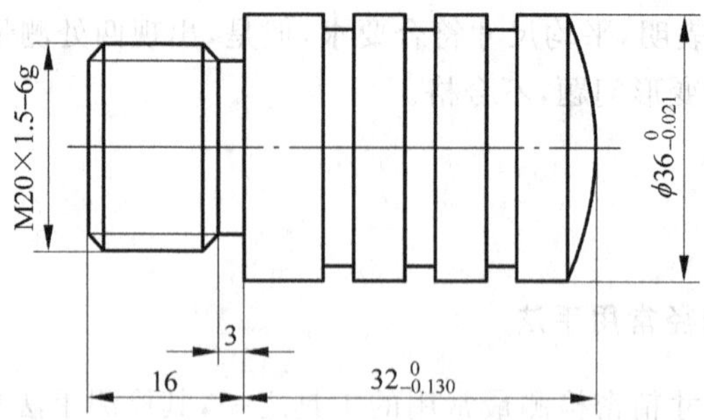


图 3-26 活塞头

思考

① 用外径千分尺测量轴径需要注意哪些问题?
② 使用游标卡尺与外径千分尺测量零件外径有何区别?

THREE

# 项目三 孔径的测量

## 学习分目标

(1) 会使用游标卡尺、内径千分尺、内径百分表测量孔类零件的直径。
(2) 会根据零件图尺寸要求正确选择量具。
(3) 会编写孔径类零件的测量数据表。
(4) 会保养游标卡尺、内径千分尺、内径百分表等量具。

## 任务一 用游标卡尺测量孔径

### 一、案例

在车床上粗加工如图 3-27 所示的齿轮内孔,本工序要求其内孔尺寸为 $\phi40^{+0.25}_{0}$mm,试选用合适的量具,在加工过程中进行尺寸控制。

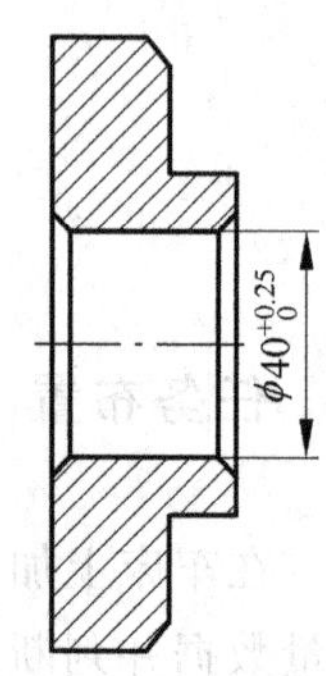


图 3-27 齿轮内孔

### 二、案例分析

齿轮加工需要分多道加工工序,本工序是在齿轮外圆尺寸加工结束后粗加工内孔的工序,基本尺寸为 $\phi$40mm,尺寸公差为 0.25mm,

属于粗加工工序，只要检测的零件内孔直径最大不超过 40.25mm，最小不小于 40mm，即可保证后续的精加工尺寸。

## 三、测量工具选择

由于基本尺寸为 $\phi$40mm，公差余量又较大，因此，可选用测量范围为 125mm、测量精度为 0.02mm 的游标卡尺作为本工序测量工具。

## 四、测量方法、步骤与数据处理

### 1. 测量方法与步骤

① 将游标卡尺两内测量爪表面擦干净，检查游标主、副尺零刻度线是否对齐。

② 将被测齿轮毛坯内孔表面擦干净，特别是要去除毛刺。

③ 用适度力，使游标卡尺左右内测量爪贴紧被测工件内孔表面，注意两测量点必须在孔的中心位置上，参见测量示意图 3-28。

④ 保持刻度不变，将游标卡尺移出内孔正确读数（也可不移出卡尺直接读数）并记录测量值。

⑤ 连续在不同位置测量 5 次，将测量值填入测量数据表内，并计算其平均值即得到内孔尺寸。

⑥ 测量结束，将游标卡尺擦拭干净并放入量具盒内。

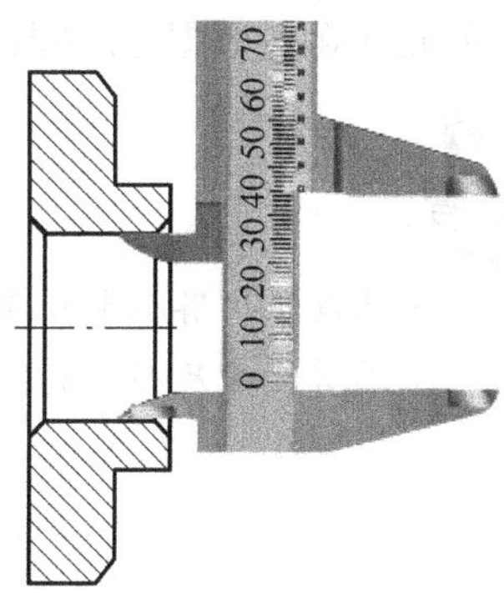


**图 3-28　游标卡尺测内孔示意图**

### 2. 测量数据处理

将连续在不同位置测量 5 次获得的数据填入表 3-6 中。

**表 3-6　游标卡尺内孔测量数据表**

| 测量次数 | 1 | 2 | 3 | 4 | 5 | 平均值 |
|---|---|---|---|---|---|---|
| 测量值/mm | 40.10 | 40.12 | 40.10 | 40.11 | 40.13 | 40.112 |

结论：此零件的内径平均尺寸为 40.112mm，零件符合要求。

## 五、相关知识

游标卡尺测量内孔时，经常会因为测量方式不正确导致测量时游标读数错误，常见的错误测量方式主要包括如图 3-29 所示的几种。

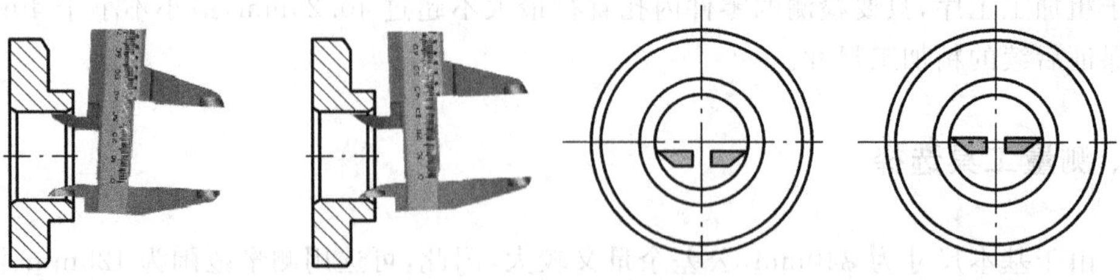

(a) 游标卡尺倾斜　(b) 游标卡尺测量点偏低　(c) 游标卡尺测量点偏高

**图 3-29　游标卡尺测量内孔不正确方式示意图**

## 六、任务布置

在车床上加工如图 3-30 所示的法兰盘，试用游标卡尺测量，记录测量数据，并判断内孔尺寸是否符合零件图要求。

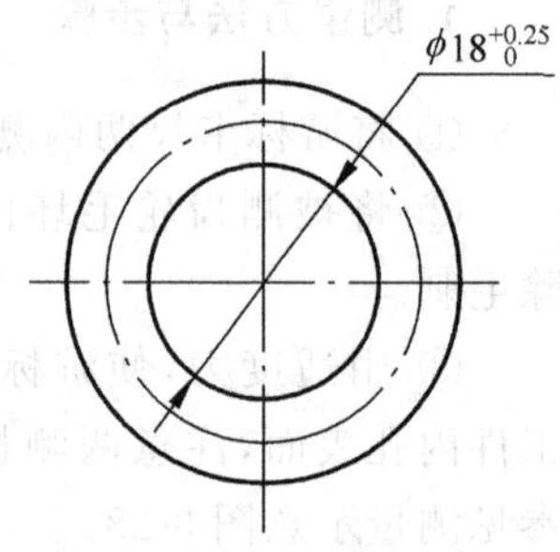


**图 3-30　法兰盘**

**思考**

① 试说明用游标卡尺测量孔径的步骤。

② 用游标卡尺测量孔径需要注意哪些问题？

# 任务二　用内径千分尺测量孔径

## 一、案例

在车床上精加工本项目任务一中案例的齿轮半成品内孔，使其尺寸达到如图 3-31 所示的 $\phi 40^{+0.025}_{0}$ mm，试选用合适的量具，在加工过程中进行尺寸控制。

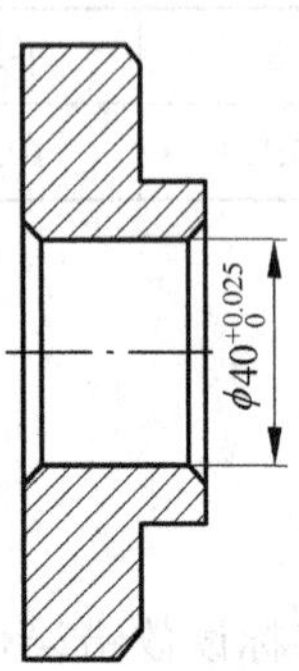


**图 3-31　齿轮半成品**

## 二、案例分析

齿轮内孔精加工是滚齿前的最后一道工序，因此，本工序必须保证图 3-31 中内孔基本尺寸仍旧为 $\phi$40mm，内孔最大尺寸要求不超过 40.025mm，最小尺寸不小于 40mm，在这两个尺寸范围内的零件均为合格产品。因此，本工序加工是重点保证此尺寸范围。

## 三、测量工具选择

内孔精加工尺寸测量通常都用内径千分尺。内径千分尺一般有四种类型：三爪内径千分尺、接杆式内径千分尺、单杠式内径千分尺及普通型内径千分尺，参见图 3-32。三爪内径千分尺与单杆式内径千分尺常用于精密内孔测量，接杆式内径千分尺则主要用于大于 300mm 的孔径的精密测量，普通型内径千分尺适用于通用内孔加工的检测。

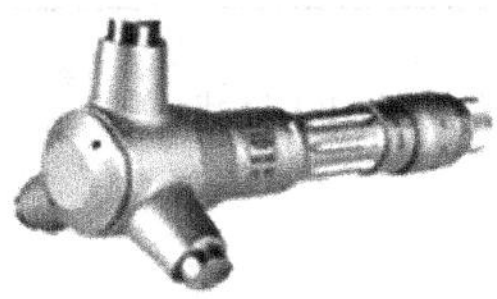

(a) 三爪内径千分尺

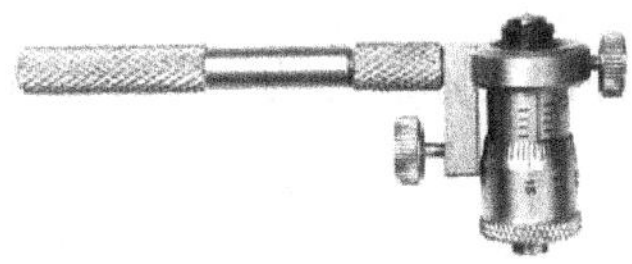

(b) 接杆式内径千分尺

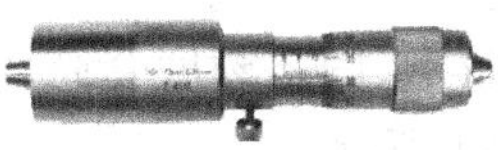

(c) 单杠式内径千分尺

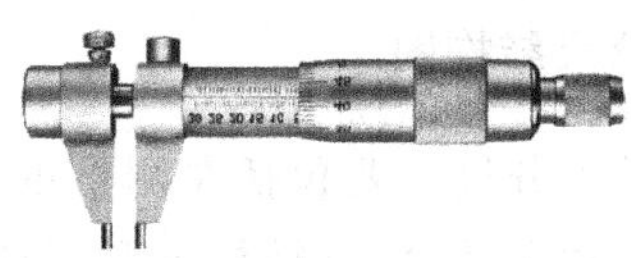

(d) 普通型内径千分尺

**图 3-32　内径千分尺类型**

本案例中，内孔基本尺寸为 40mm，尺寸公差为 0.025mm，因此，选择测量范围为 25～50mm、测量精度为 0.01mm 的普通型内径千分尺即可满足测量要求。

## 四、测量方法、步骤与数据处理

### 1. 测量方法与步骤

① 将内径千分尺测量爪擦拭干净，并用标准规校验内径千分尺刻度。

② 将工件待测表面擦拭干净，去除灰尘、毛刺类杂质，以保证测量精度。

③ 将内径千分尺置于工件待测内径处，旋转活动套筒向外移动。

④ 调整测量爪至合适位置，转动测力装置，直到发出“嘎嘎嘎”的三声声音时表示测量力合适，测量示意图参见图 3-33。

⑤ 改变测量位置，测量内孔表面 5 处尺寸并在测量数据表内做好记录。

⑥ 测量结束后，将量具擦拭干净，回零位置，并放入工具盒内。

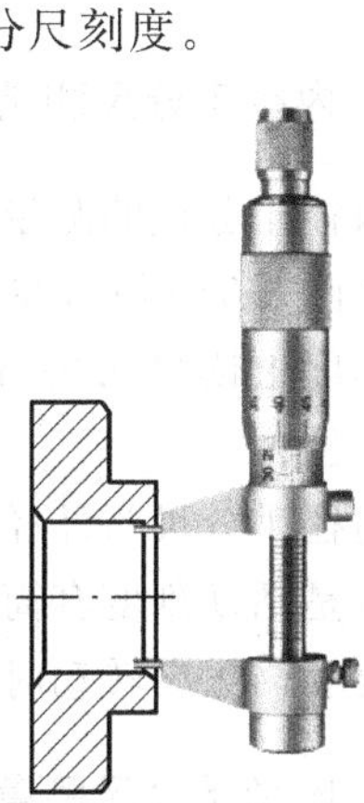

**图 3-33　内径千分尺测量示意图**

### 2. 测量数据处理

将上述 5 次测量的数据记入表 3-7 中，取其平均值即得到工件内孔尺寸，并判断其合格性。

**表 3-7 千分尺内孔测量数据表**

| 测量次数 | 1 | 2 | 3 | 4 | 5 | 平均值 |
|---|---|---|---|---|---|---|
| 测量值/mm | 40.017 | 40.018 | 40.019 | 40.017 | 40.018 | 40.0178 |

结论：此零件的实际尺寸为 40.0178mm，符合零件图要求。

## 五、相关知识

### 1. 内径千分尺结构图

普通型内径千分尺主要包括左测量爪、右测量爪、固定刻度套筒、活动刻度套筒、测力装置及固定螺钉六个部分，其结构示意图如图 3-34 所示。

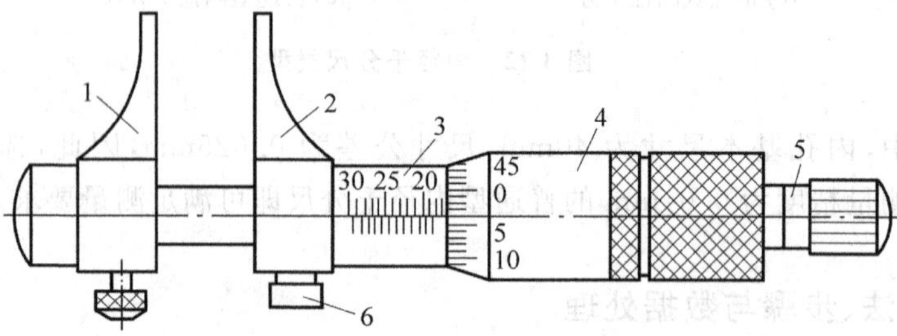


**图 3-34 内径千分尺结构示意图**

1—左测量爪；2—右测量爪；3—固定刻度套筒；4—活动刻度套筒；5—测力装置；6—固定螺钉

### 2. 内径千分尺测量原理

内径千分尺的测量及读数原理与外径千分尺基本一致，都是依据螺旋放大的原理制成。如图 3-35 所示，在读数上是在固定刻度套筒 3 上读取毫米单位值，在活动刻度套筒 4 圆周刻度上读取 0.01mm 单位值，并可估测到 0.001mm 单位值，因此，其读数也可达到微米单位。

内径千分尺与外径千分尺的主要差别在于测量爪的移动方向刚好相反，外径千分尺的测量是活动刻度套筒正向转动，左右测量砧向中心收拢；而内径千分尺的测量则是活动刻度套筒正向转动时，左右测量爪向外张开。

### 3. 内径千分尺测量时的常见错误

内径千分尺测量工件内孔尺寸时，在操作方面会产生与游标卡尺测量内孔时类似的操作错误，参见图 3-35 所示示意图，这些错误的测量方式都会引起读数错误。

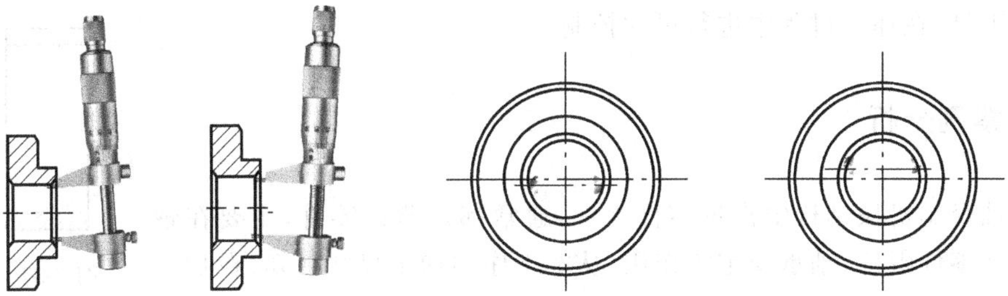

(a) 内径千分尺倾斜　　(b) 测量中心偏低　　(c) 测量中心偏高

图 3-35　内径千分尺测量常见错误

**4. 内径千分尺使用注意事项**

① 内径千分尺使用前必须用标准环校正。

② 不能用来测量超出范围的工件。

③ 测量时必须擦拭干净工件及量具，防止灰尘、毛刺对测量尺寸的影响。

④ 测量爪接触工件后，必须用测力装置，不可用力拧活动套筒，以影响量具精度。

⑤ 不可将内径千分尺紧固螺钉拧紧后当卡钳使用。

⑥ 不可测量运动着的物体。

⑦ 不可将量具当成工具使用。

⑧ 内径千分尺使用完毕后，应用干净棉丝擦净，装入盒内固定位置。

## 六、任务布置

在车床上加工如图 3-36 所示的模具导柱导套内孔，试选用合适的内径千分尺检测，填写测量数据表，并判断零件是否合格。

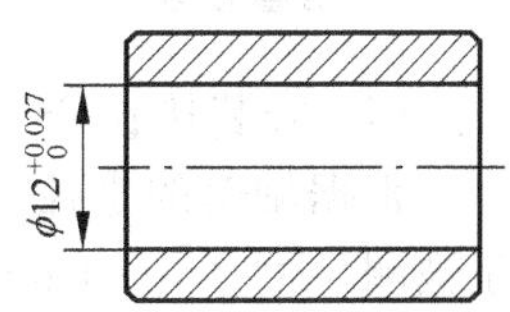


图 3-36　导柱导套

**思考**

① 内径千分尺有哪些类型？

② 内径千分尺测量常见错误有哪些？

③ 使用内径千分尺应注意哪些问题？

# 任务三　内径百分表测量孔径

## 一、案例

在车床上精车如图 3-37 所示的轴套，使其孔径尺寸达到 $\phi42^{+0.027}_{0}$ mm，试选择合适的测量工具，在加工过程中进行尺寸控制。

## 二、案例分析

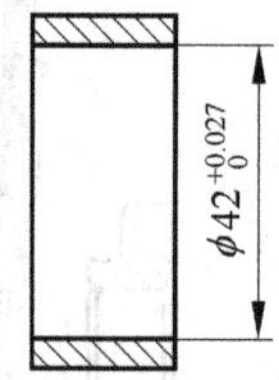

图 3-37 轴套

轴套是机械结构中常见零件之一，通常都是薄壁零件，主要在轴上起到零件限位、轴承固定等作用，从本工序的加工尺寸可知，在加工过程中要保证工件孔径的最大尺寸不大于 42.027mm，最小尺寸不小于 42mm，因此，本工序需要重点保证工件孔径的尺寸在这个范围内。

## 三、测量工具的选择

通常在车床上镗孔时，都用内径百分表进行检测，因为，内径百分表的检测精度可以达到 0.01mm，完全满足轴套尺寸精度的检测要求。

由于内径百分表配有测量杆可以调节内径百分表的测量范围，因此，其测量范围比较广。本案例中，轴套基本尺寸为 42mm，尺寸公差为 0.027mm，所以，采用测量范围为 35～50mm 的接长杆、精度为 0.01mm 的百分表配合进行检测。

## 四、测量步骤与数据处理

### 1. 测量步骤

(1) 安装接长杆

根据轴套的直径正确选择接长杆装入杆座，调整接长杆位置，使活动接长杆的长度大于被测尺寸 0.5～1mm 左右，保证接长杆测量时，活动头能在基本尺寸的正、负一定范围内自由运动，然后压紧接长杆的锁紧螺母。

(2) 安装百分表

将百分表装入量杆内，预压缩 1mm 左右(百分表的小指针指在 1mm 的附近)，然后锁紧百分表表杆。安装好接长杆及百分表的内径百分表参见图 3-38。

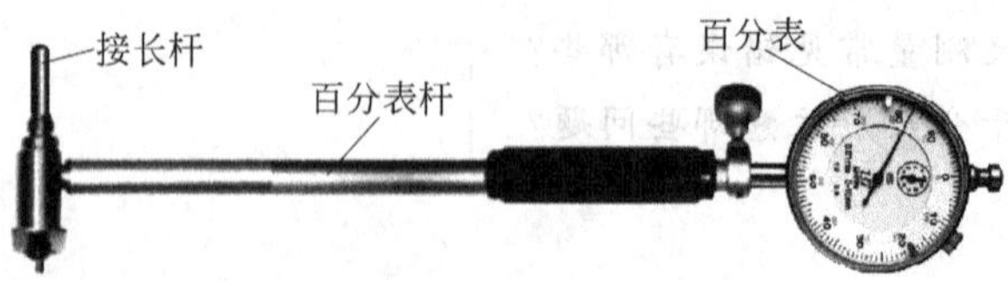

图 3-38 内径百分表

(3) 用外径千分尺校百分表零位

选择 25～50mm 的千分尺，将尺寸调整到基本尺寸 42mm，用内径百分表在千分尺两测量砧中间摆动，取最小值时，将百分表校正为零位。

(4) 测量

手持内径百分表隔热手柄，将内径百分表的活动测头和定心块轻轻压入轴套孔径中，然后将装有接长杆的固定量头放入，再将表轻轻地在轴套截面内摆动，读出指示表最小读数，即为孔径的实际偏差，测量示意图参见图 3-39。

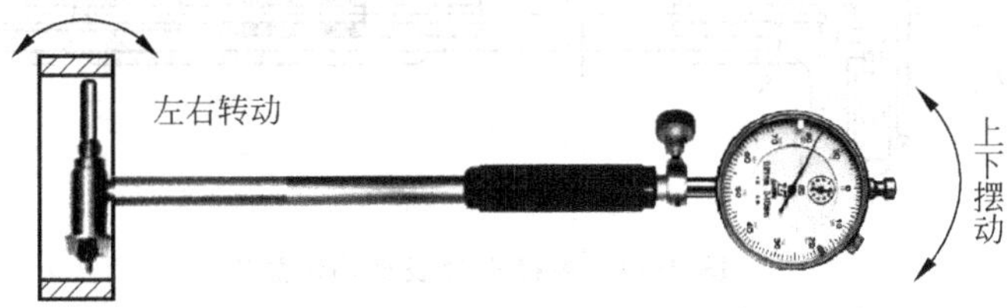


**图 3-39　内径百分表测量示意图**

按照上述方法，在轴套内孔表面上分别取不同的 5 点，将测量偏移值记录下来，填入表 3-8 中，计算平均值并判断内径尺寸是否合格。

(5) 测量后内径百分表的保养

测量结束后，拆下百分表和接长杆，擦拭干净测量工具，将工具放入指定工具盒内。

### 2. 测量数据处理

将上述 5 次测量的表针偏移数据记入表 3-8 中，取其平均值后，加上孔径的基本尺寸即得到工件内孔尺寸。

**表 3-8　内径百分表测量内孔数据表**

| 测量次数 | 1 | 2 | 3 | 4 | 5 | 平均值 |
|---|---|---|---|---|---|---|
| 测量值/mm | +0.017 | +0.018 | +0.019 | +0.017 | +0.018 | +0.0178 |

结论：测量结果显示，内径百分表上偏移的尺寸为 +0.0178mm，加上基本尺寸 42mm，因此，零件的实际尺寸为 42.0178mm，该零件合格。

## 五、相关知识

### 1. 内径百分表结构图

内径百分表检测零件尺寸是一种应用比较测量法的器具，其操作方便、简单，在生产实践中得到了广泛应用。常用的内径百分表结构图参见图 3-40，主要由活动测头、接长杆、接头主体件、表杆、传动杆、弹簧、百分表、杠杆、弹簧、定位护桥组成。

### 2. 内径百分表测量原理

内径百分表测量工件的尺寸变化是通过活动测头传递给等臂转向杠杆及接长杆，然后由分度值为 0.01mm 的百分表指示出来。

### 3. 百分表

百分表外部一般都由指针、表盘、测量头、测量杆等组成，内部结构多由齿轮、齿条、测力装置等组成，参见图 3-41。

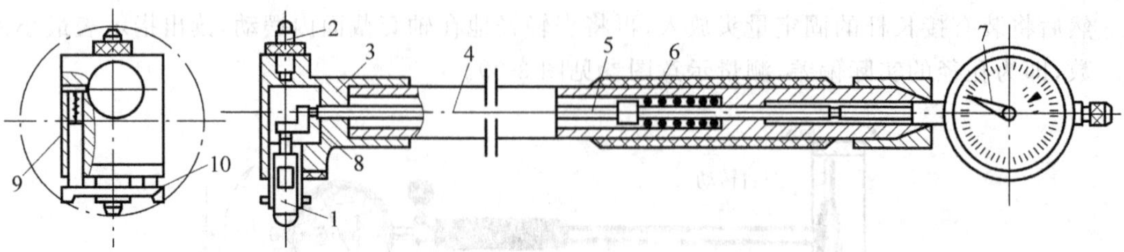


图 3-40 内径百分表结构示意图

1—活动测头；2—接长杆；3—接头主体件；4—表杆；5—传动杆；6—弹簧；
7—百分表；8—杠杆；9—弹簧；10—定位护桥

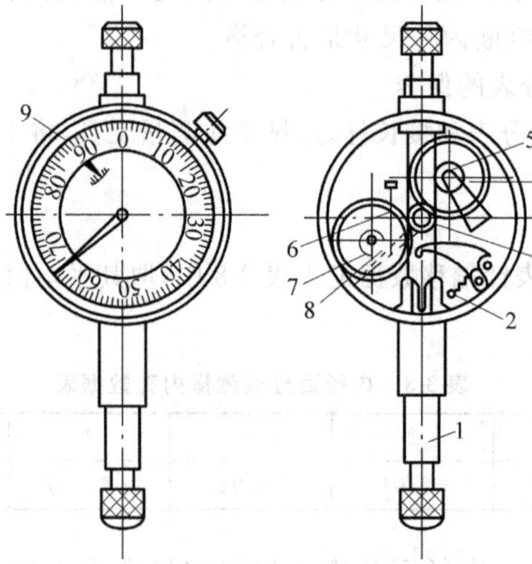


图 3-41 百分表结构示意图

1—量杆；2—弹簧；3、5—小齿轮；4、7—大齿轮；6—游丝；8—长指针；9—短指针

#### 4. 百分表的读数方法

百分表测量前必须先用与被测尺寸公称值相同的标准尺寸来调整其零位，然后通过百分表读出被测尺寸的实际偏差。

百分表的长指针转动一小格时，表示百分表的测量头移动了 0.01mm，当百分表的长指针转动一周时，表示内径百分表的测量头移动了 1mm，测量读数时可估计读数到 0.001mm。

百分表的读数一般规定：当表针按顺时针方向未达到"零"点的读数是正值，当表针按顺时针方向超过"零"点的读数是负值。

#### 5. 内径百分表的使用注意事项

① 使用前必须检查百分表定心装置及测量杆移动是否灵活。

② 按内径百分表各接长杆规定的适用范围选择接长杆。

③ 安装接长杆时不得强行用扳手旋入，防止损坏杆座内的传动杆。

④ 调整好接长杆后必须将紧固螺母固定，防止校正零位后尺寸发生变化。

⑤ 内径百分表表杆的最佳位置应该是在轴线(直径)方向最小值、截面方向最大值的位置,参见图 3-42。

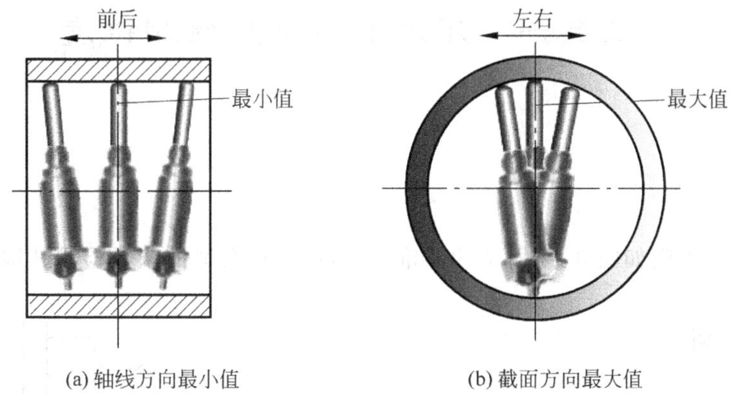


(a) 轴线方向最小值　　(b) 截面方向最大值

图 3-42　内径百分表表杆最佳位置

⑥ 不得测量运动着的工件。

⑦ 不得测量表面粗糙的工件。

⑧ 测量结束后,应擦净量具表面,将其放入盒内固定,并避免放置于强磁力、潮湿、震动与腐蚀的地方。

## 六、任务布置

在车床上精加工如图 3-43 所示的导柱滑套,试选用合适的内径百分表检测,填写测量数据表并判断零件是否合格。

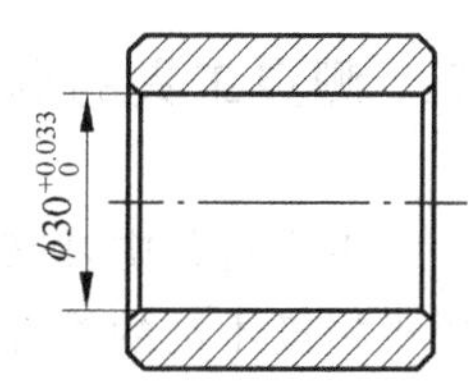


图 3-43　导柱滑套

**思考**

① 内径百分表检测孔径需要注意哪些问题?

② 游标卡尺、内径千分尺与内径百分表测量孔径有哪些区别?

FOUR

# 项目四　锥度的测量

## 学习分目标

(1) 会使用万能角度尺、正弦规测量零件的锥度。

(2) 会根据零件图尺寸要求正确选择量具。

(3) 会编写锥度类零件的测量数据表。

（4）会保养万能角度尺、正弦规等量具。

## 任务一 用万能角度尺检测锥度

### 一、案例

在车床上车削如图 3-44 所示的圆锥齿轮，试选择合适的量具检测其锥角。

### 二、案例分析

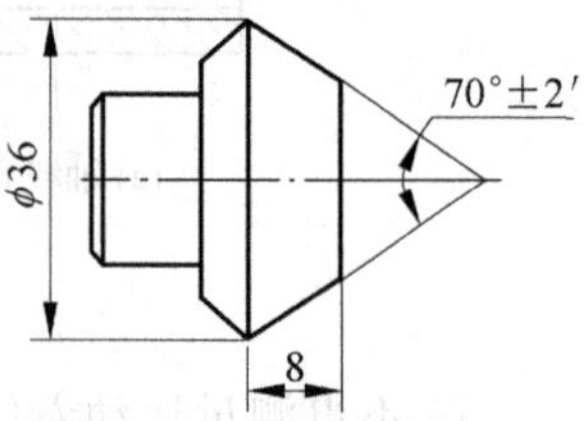

图 3-44 圆锥齿轮

圆锥齿轮是机械运动连接的重要零件之一，通过锥角变换改变运动方向；同时，圆锥角度的控制对于运动传递的平稳性具有极其重要的作用。因此，在圆锥齿轮滚齿前加工半成品必须保证零件的锥度。

此案例中，圆锥锥角的加工主要保证锥角在 $70°\pm2'$，锥角控制在该尺寸范围内，产品即为合格。

### 三、测量工具的选择

生产过程中，圆锥角度的检测多用万能角度尺或者正弦规检测，其中，万能角度尺常用于精度不高的锥度检测，正弦规则用于圆锥角小于 30°的锥度。

此案例中，圆锥角度大于 30°，锥角尺寸精度为 $\pm2'$，可以采用万能角度尺进行检测并控制加工过程中零件的尺寸。

### 四、测量步骤与数据处理

#### 1. 测量步骤

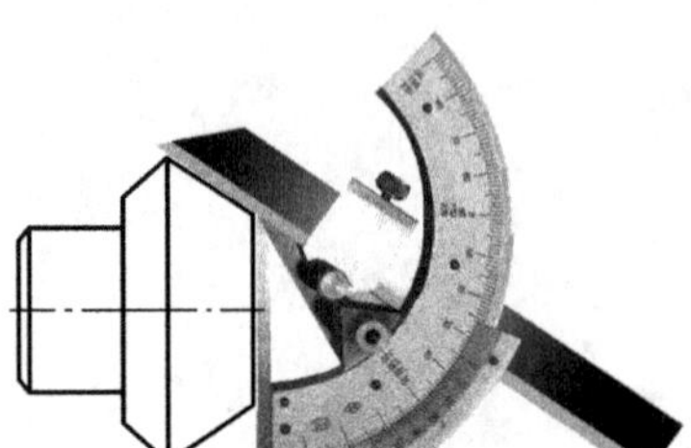
图 3-45 万能角度尺测量圆锥齿轮半成品示意图

① 将万能角度尺校零并擦干净。

② 将基尺贴紧工件面右端面，主尺刀口紧贴圆锥面，参见图 3-45。

③ 移开量具，观察实际测量结果并记录测量数据。

④ 旋转工件，选择另外几个位置测量。

⑤ 测量结束，将量具擦拭干净，将刀口尺及万能角度尺放入刀具盒内。

### 2. 测量数据处理

将 5 次测量的角度值填写入表 3-9 中，计算锥角平均值，并判断产品角度是否合格。注意：测量角度仅为圆锥半角，具体计算时应该转化成 2 倍半角。

**表 3-9　圆锥齿轮锥角测量数据表**

| 测量次数 | 1 | 2 | 3 | 4 | 5 | 平均值 |
|---|---|---|---|---|---|---|
| 测量值 | 70°1′ | 70°2′ | 70°1′ | 70°1′ | 70°2′ | 70°1′ |

结论：通过测量检测，该零件的锥度合格。

## 五、相关知识

### 1. 万能角度尺结构图

万能角度尺又称为角度规、游标角度尺，主要由游标、主尺、基尺、制动头、扇形板、角尺、直尺及卡规等部件构成，参见图 3-46。

### 2. 万能角度尺读数原理

万能角度尺的读数原理与游标卡尺相似，其主尺刻度线每格为 1°。游标的刻线是取主尺的 29°等分为 30 格，因此游标刻线角格为 29°/30，即主尺与游标一格的差值（也就是说万能角度尺读数准确度）为 2′。

读数时先读出游标零线前的角度是几度，再从游标上读出角度“′”的数值，两者相加就是被测零件的角度数值。

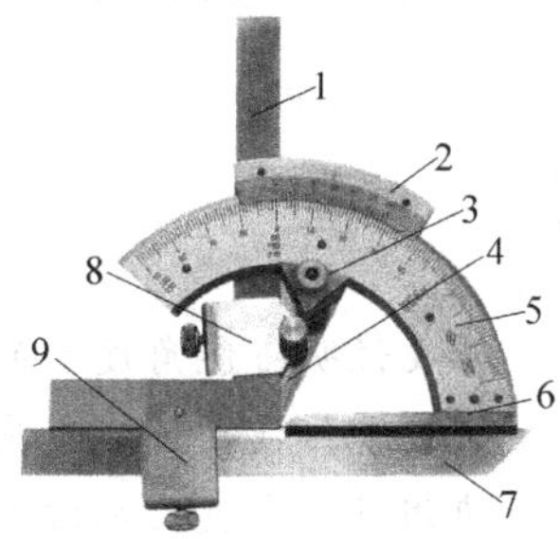


**图 3-46　万能角度尺结构示意图**

1—角尺；2—游标；3—制动头；4—扇形板；5—主尺；6—基尺；7—直尺；8、9—锁紧头

### 3. 万能角度尺测量示意图

万能角度尺是精度不高工件角度检测的主要测量工具之一，在生产现场检测与质量控制上使用广泛，图 3-47 是最常见的万能角度尺测量范围示意图。

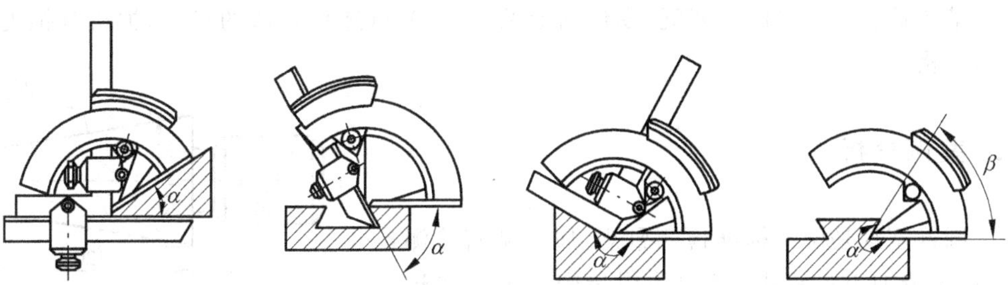


(a) 测量楔块斜角　(b) 测量燕尾内槽角度　(c) 测量大斜角　(d) 测量燕尾外槽角度

**图 3-47　万能角度尺常见测量范围示意图**

### 4. 万能角度尺测量注意事项

万能角度尺使用时要注意几下几点。

① 测量前,先将万能角度尺、工件擦拭干净。

② 检查各部位是否正常传动,然后校正零位。

③ 放松制动器上的螺帽,移动主尺座做粗调整,再转动游标背面的把手做精细调整,使角度尺两测量面与被测工件的工作面密切接触,然后拧紧制动器上的螺帽加以固定,即可进行读数。

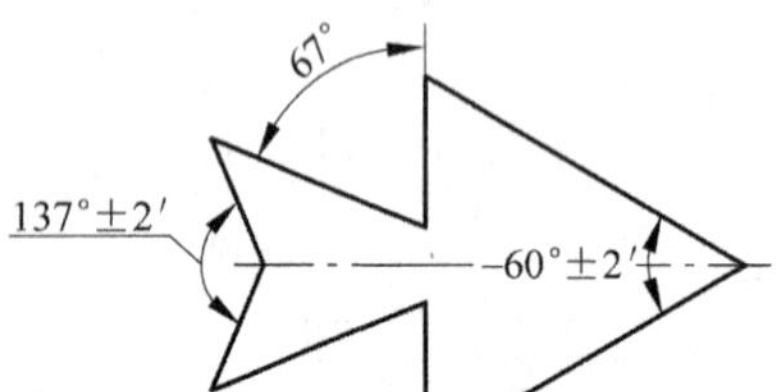

图 3-48 燕尾薄板

④ 测量完毕后,应用干净布擦拭干净量具,然后涂上防锈油放入规定的地方。

## 六、任务布置

钳工锉削燕尾薄板,各角度尺寸如图 3-48 所示,试用万能角度尺检测各角度,编制测量数据表,判断各尺寸是否合格。

**思考**

① 简要说明万能角度尺的读数原理。

② 说说如何使用万能角度尺检测锥度。

③ 使用万能角度尺应注意哪些问题?

# 任务二 用正弦规检测锥度

## 一、案例

某企业生产一批圆锥塞规,零件图参见图 3-49,试选择合适的量具,抽检其锥度尺寸是否合格。

## 二、案例分析

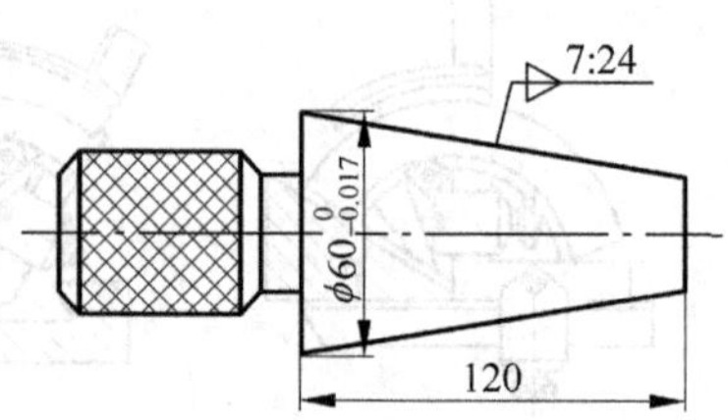

图 3-49 圆锥塞规

圆锥塞规是国家标准检测量规,属于精密检测量具,在制造加工过程中,必须采用精密检测方法进行尺寸精度控制。

## 三、测量工具选择

在本项目任务一的案例中已经提及，生产制造现场锥度检测通常较多地使用万能角度尺及正弦规，但是，万能角度尺对于小锥度工件的检测能力不足，而正弦规可以检测锥角30°以下的工件。此案例中工件锥度是7∶24，根据反正切函数计算后角度为16.262°，锥长为120mm，大端直径为$\phi 60_{-0.017}^{0}$mm，因此，选择规格为200mm×80mm的正弦规检测塞规锥度。

## 四、测量步骤与数据处理

### 1. 测量步骤

① 把正弦规与工件擦拭干净，去除毛刺、油污等。

② 将正弦规放在精密平台上，圆锥塞规放在正弦规的工作平面上。

③ 估算正弦规一端需要垫的高度后，选择标准量块，在正弦规的一个圆柱下面垫入量块。

④ 用百分表检查圆锥塞规圆锥面全长的高度，注意，百分表表头压缩0.1～0.2mm，千分表则为0.2～0.5mm。调整量块尺寸，使百分表在全长上的读数相同。注意：测量时应找到被测圆锥素线的最高点，检测过程示意图如图3-50所示。

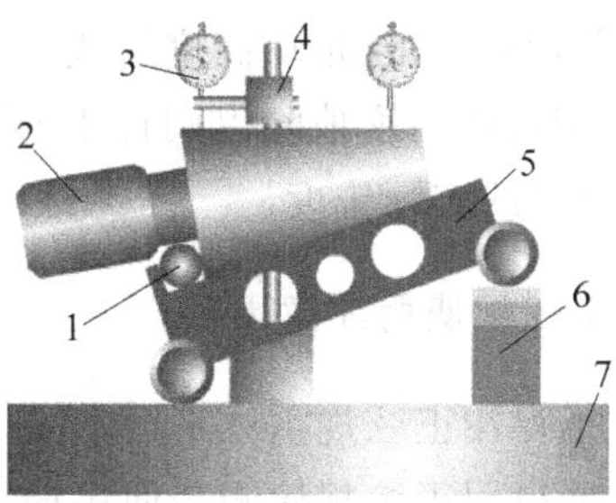


**图3-50　正弦规测锥度示意图**

1—档位销；2—被测圆锥塞规；3—测量表；4—测量表座；5—正弦规；6—量块；7—精密测量平台

⑤ 根据量块高度$H$，应用直角三角形的正弦公式，算出塞规的实际角度，并做好记录。

正弦公式

$$\sin\alpha = \frac{H}{L}$$

式中，$H$为量块高度；$L$为正弦规两圆柱中心距；$\alpha$为圆锥的锥角(°)。

⑥ 旋转圆锥塞规4次，按上述步骤分别再测量4次，记下量块高度，计算塞规实际角度。

⑦ 测量结束，擦拭干净测量工具并放到规定地方，精密平台表面擦上凡士林。

### 2. 测量数据处理

将上述5次实际测量角度数据填入表3-10中，计算出平均值，比较零件图要求，判断塞规锥度是否合格。

**表3-10　圆锥锥度测量数据表**

| 测量次数 | 1 | 2 | 3 | 4 | 5 | 平均值 |
|---|---|---|---|---|---|---|
| 测量值 | 16.267° | 16.265° | 16.267° | 16.266° | 16.268° | 16.267° |

结论：圆锥塞规实际锥度为16.267°，符合技术要求，产品合格。

## 五、相关知识

### 1. 正弦规的结构

正弦规是用于准确检验零件及量规角度和锥度的量具，主要由带有精密工作平面的主体和两个精密圆柱组成，四周可以安装挡板（一般使用时只装互相垂直的两块，测量工件时也可作为放置零件的定位板），其结构图如图3-51所示。

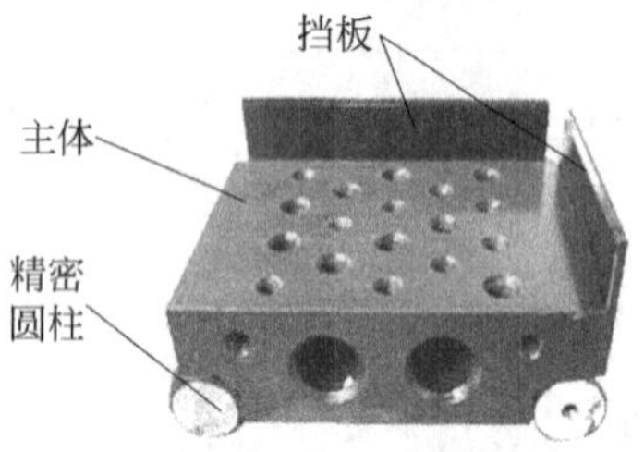


图 3-51 正弦规结构图

### 2. 正弦规工作原理

正弦规检测零件锥度主要利用正弦三角函数的原理进行度量，通常需要精密测量平台、百分表（或千分表）、标准量块组合测量。检测时，将被测工件置于正弦规主体平台上，一侧圆柱用量块垫高；然后，用量表检测圆锥面素线水平，从而使正弦规两圆柱实际中心距、量块高度构成一直角三角形，两圆柱中心连线与水平线间的夹角即圆锥锥度，用量块高度值除以圆柱中心距得到正弦值；再计算三角形夹角的反正弦函数即可得到圆锥的实际锥度。

### 3. 正弦规使用注意事项

① 不得在正弦规主体平台上敲击，以损坏正弦规精度。
② 不得用正弦规检测表面粗糙零件。
③ 不可将正弦规在测量平台上拖动，避免磨损圆柱，降低测量精度。
④ 被测工件应用平板固定，确保被测零件圆锥中心轴线与正弦规圆柱中心线垂直。
⑤ 正弦规不可放在温度过高或过低、潮湿、有腐蚀性的地方。
⑥ 精度下降的正弦规需要通过刮研等技术校正精度。
⑦ 正弦使用完毕后，应擦拭干净外表面并放入规定的地方。

## 六、任务布置

现加工如图3-52所示的一圆锥齿轮，试用正弦规检测锥度，记录检测数据，并判断锥度是否合格。

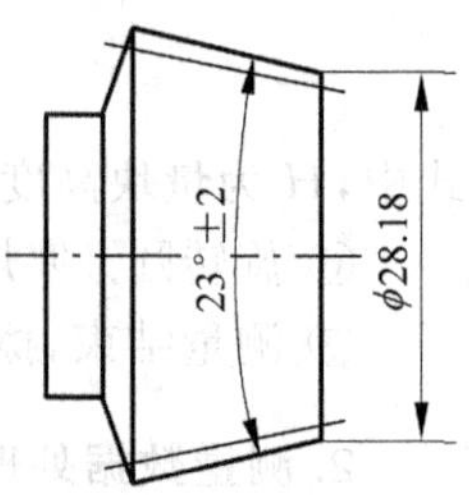


图 3-52 圆锥齿轮

思考

① 万能角度尺与正弦规测量锥度有何区别？
② 检测零件锥度时，如何正确选择万能角度尺与正弦规？

04

模块四

# 形位误差的测量

## 学习总目标

(1) 会阅读零件图并理解图上所注的形位公差代号的含义。
(2) 会选择形位误差检测的工具、量具。
(3) 会用正确的检测方法对零件的形位误差进行检测。
(4) 会编写零件的测量与误差分析报告。

ONE

# 项目一　直线度误差的测量

## 学习分目标

（1）理解直线度公差的含义。
（2）掌握直线度误差的检测方法。
（3）掌握检测直线度误差的测量步骤。
（4）会利用间隙法来测量精度较低的直线度。
（5）会利用指示器法来测量圆柱面直线度误差。

## 任务一　利用间隙法测量直线度误差

### 一、案例

如图 4-1 所示为一长方体塞铁的零件图和实物图，试检测塞铁上表面上任一素线的直线度误差是否在规定的公差范围内。

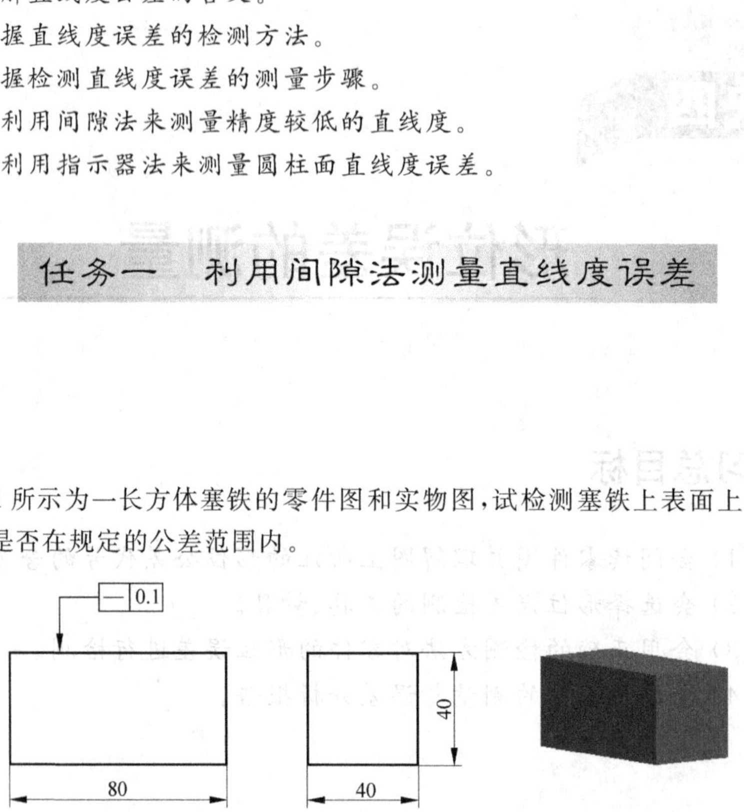


图 4-1　长方体塞铁

### 二、案例分析

根据图 4-1 中所标注的形位公差可知长方体表面的直线度公差要求在 0.1mm 范围之内，被测长方体表面的任一素线必须位于距离为公差值 0.1mm 的两平行直线内，如果超出这个范围，该零件则为不合格产品。

### 三、测量工具选择

测量工具：平尺（或刀口尺）、厚薄规（塞尺）。

## 四、测量方法、步骤与数据处理

### 1. 测量方法

用量块(或塞尺)测量被测直线和测量基线之间的间隙,直接评定直线度误差。测量方法如图 4-2 所示。

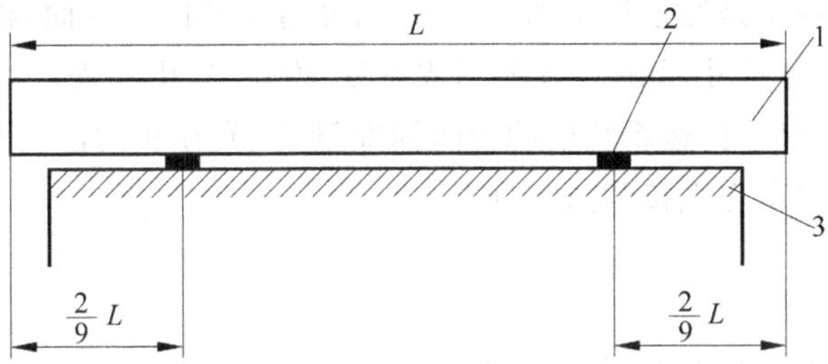


**图 4-2　利用间隙法测量零件直线度误差示意图**

1—平尺；2—块规；3—被测平面

**说明**

该方法适用于被测零件精度要求低的直线度误差测量。

### 2. 测量步骤

① 将样板平尺(用样板平尺来模拟测量基准)放置在被测直线上,选择大小合适、等厚的量块置于样板平尺与被测直线中间且离样板平尺两端 $2/9L$($L$ 为平尺长度)处。

② 将塞块或塞尺放置在所形成的间隙处直接测出样板平尺工作表面与被测直线之间的距离,并不断地调整塞块或塞尺的位置得出多组数据(在测量过程中须多次调整塞块或塞尺的厚度来保证所测距离的精确值)。

③ 将测得的数值进行比较,用测得的最大距离值减去等厚量块的厚度即为所求的直线度误差的近似值。

### 3. 测量数据处理

直线度测量数据处理表如表 4-1 所示。

**表 4-1　直线度测量数据处理表**

| 测量次数 | 1 | 2 | 3 | 4 | 5 | 结果 | 是否合格 |
|---|---|---|---|---|---|---|---|
| 测量值/mm | 3.05 | 3.08 | 3.06 | 3.03 | 3.04 | 0.08 | 是 |

结论：量块的厚度为 3mm,根据测量结果可知长方体表面的直线度应为测量值减去量块的厚度,所以该零件的直线度误差约为 0.08mm,测量结果反映零件的直线度在公差

范围内，该零件的直线度合格。

## 五、相关知识

### 1. 认识量块

量块是一种无刻度的标准端面量具。其材料多为特殊合金钢，形状为长方六面体结构，六个平面中有两个是经过精密加工的、极为光滑平整的平行面，称为测量面，两测量面之间具有精确的工作尺寸，如图 4-3 所示或参见“模块二”中的表 2-2。

量块主要用做尺寸传递系统中的中间标准量具，或在相对法测量时作为标准件调整仪器的零位，也可以用它直接测量零件。

### 2. 认识塞尺

塞尺是测量间隙的量具，是由很多标准厚度的钢片组成的。最薄的为 0.02mm，最厚的为 1mm，厚度一般有 0.02mm、0.03mm、0.04mm、0.05mm…1.0mm，如图 4-4 所示。

图 4-3 量块

图 4-4 塞尺

### 3. 测量时的注意事项

① 测量时要保证被测零件表面上无铁屑等附着物。

② 测量器具(如塞尺)及基准平面的表面无杂物附着。

### 4. 测量器具的保养

① 测量时要准确使用测量器具。

② 测量后及时将测量器具清理干净，放入指定的工具盒内。

③ 经过一段时间的使用，需适当地对测量器具进行必要的校准及润滑。

## 六、任务布置

试用间隙法测量如图 4-5 所示零件的直线度误差并写出测量步骤，记录测量数据，编写测量数据处理表并判断零件的直线度是否合格。

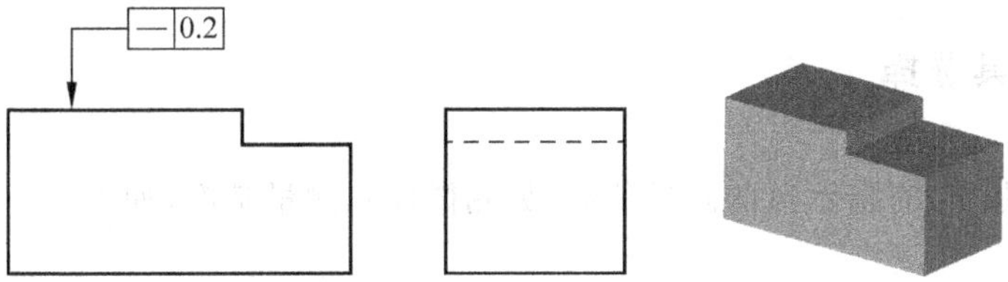


图 4-5　直线度误差测量零件图

思考

① 间隙法测量零件直线度误差时，块规的测量位置如何设置？
② 间隙法测量零件直线度误差最后获得的误差值是如何确定的？

## 任务二　利用指示器法测量直线度误差

### 一、案例

如图 4-6 所示是一有直线度要求的圆柱体，试检验圆柱表面任一素线的直线度是否在规定的公差范围内。

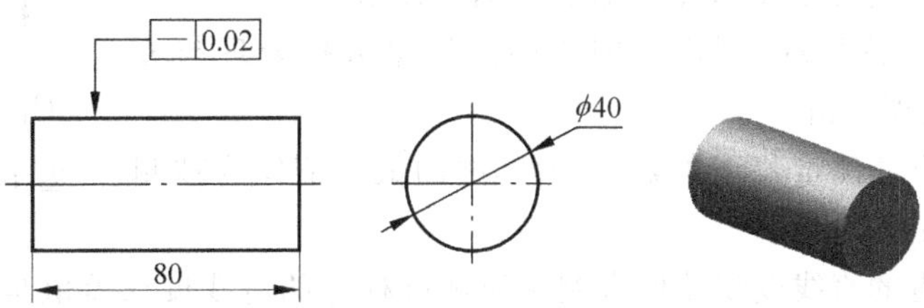


图 4-6　有直线度公差要求的圆柱体

### 二、案例分析

根据图 4-6 中所标注的形位公差可知圆柱体表面的直线度公差要求在 0.02mm 范围之内，被测圆柱面的任一素线必须位于距离为公差值 0.02mm 的两平行平面之内，如图 4-7 所示。如果超出这个范围，这个圆柱零件则为不合格产品。

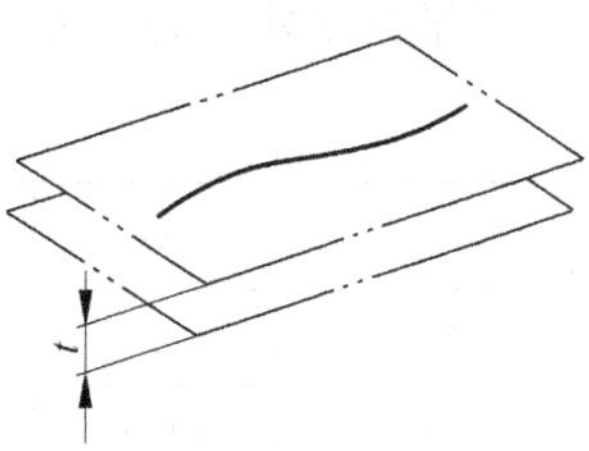


图 4-7　直线度公差带示意图

## 三、测量工具选择

测量工具：带有指示器的测量仪器(如测微仪)、测量基准(如平台)。

## 四、测量方法、步骤以及数据处理与分析

### 1. 测量方法与步骤

① 将被测圆柱体放置在测量基准平面内(如图 4-8 所示)。

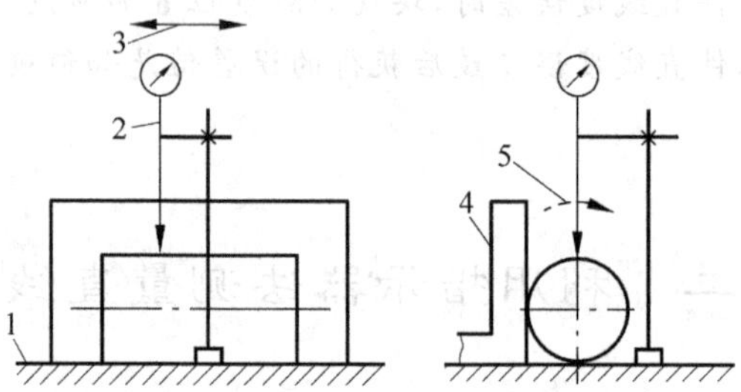


**图 4-8 圆柱体任一素线直线度测量示意图**

1—平板、平台；2—测量设备；3—沿水平方向连续直线移动的符号；
4—立板(测量基准平面)；5—间断转动符号(转动角度不超过一周)

② 沿被测圆柱面上的直线(即图 4-9 所示测量坐标系中的 $X$ 轴方向)移动指示器(测微仪)分别记录下各点的 $X$ 值、$Z$ 值的指示值($X_i$、$Z_i$)。

③ 对数据进行处理，利用作图法(见“测量数据处理与分析”)求出直线度误差值。

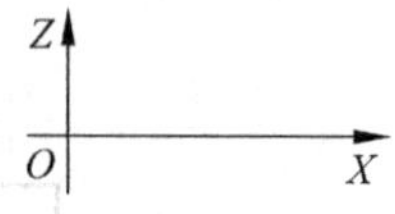


**图 4-9 测量坐标系**

④ 按上述方法测量若干条素线，取其中的最大值作为被测零件的直线度误差值。

⑤ 根据测得的直线度误差值来判断所测圆柱体的直线度误差值是否在规定公差范围内。

### 2. 测量数据处理与分析

测量数据处理表如表 4-2 所示。

**表 4-2 直线度测量数据处理表**

| | $Z_1$ | $Z_2$ | $Z_3$ | $Z_4$ | $Z_5$ | $Z_6$ | $Z_7$ |
|---|---|---|---|---|---|---|---|
| $X$ | 1 | 2 | 3 | 4 | 5 | 6 | 7 |
| $Z$/mm | 39.97 | 40.01 | 40.00 | 40.01 | 39.98 | 40.00 | 40.00 |

注：$X$ 是指指示器在平板、平台上移动的不同位置，$Z$ 是指指示器的读数值。

利用作图法对测量的数据进行分析，将各测得点坐标值按一定比例绘制在坐标图上（如图 4-10 所示），并顺序连接各测得点，得到测得直线图形。用此方法求出所测零件的直线度误差值。说明：该方法适用于给定平面、给定方向的直线度误差值的评定。

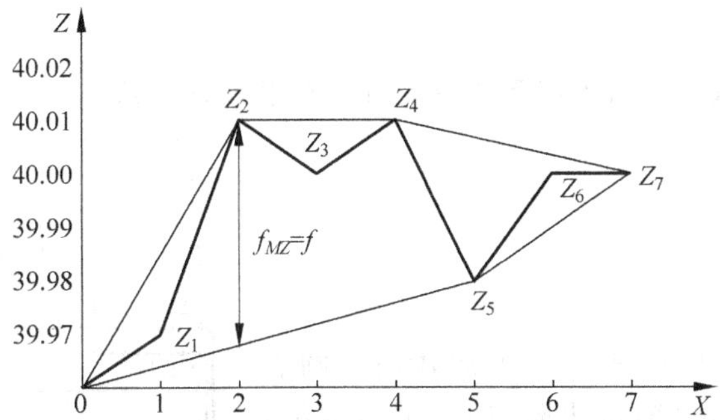


图 4-10　数据分析坐标图

作图步骤：

① 作测得直线图形的外接多边形，此时多边形的任一内角必须小于 180°或必须为凸边形。

② 沿 $Z$ 轴方向量取该多边形的最大距离 $f$，则直线度误差值 $f_{MZ}=f$。

结论：通过图 4-10 所示的数据分析坐标图可知直线度误差值近似为 $f_{MZ}=0.042$mm，大于 0.02mm，所以，此圆柱表面的直线度超出公差范围，此零件为不合格产品。

## 五、相关知识

### 1. 直线度公差和直线度误差的概念

直线度公差是实际直线对理想直线的允许变动量，用于限制平面内或空间直线的形状误差。被限制的直线有平面内的直线、直线回转体（圆柱和圆锥）上的素线、平面与平面的交线（形成空间直线）和轴线等。

直线度误差是实际测量直线对理想直线的偏离程度。

### 2. 直线度误差的要素组成

① 理想直线：具有几何学意义的直线（实际中并不存在），见图 4-11 中的 $A$。

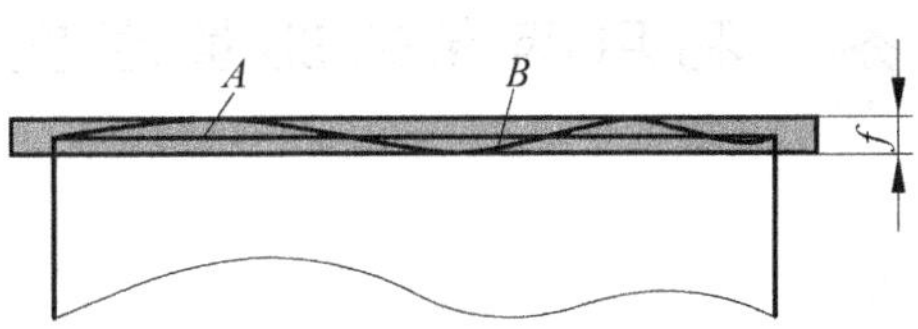


图 4-11　直线度误差的要素组成示意图

$A$—理想直线；$B$—实际直线；$f$—直线度误差值

② 实际直线：零件上实际存在的直线，见图 4-11 中的 $B$。

③ 测量直线：测量时按规定方法，由实际直线提取有限数目的点所形成的直线。

**注意**

在评定直线度误差时，用测量所得的直线代替实际直线。

## 六、任务布置

试用指示器法测量图 4-12 中活塞销外圆表面的直线度误差，写出测量步骤，记录测量数据，编制测量数据表并判断零件的直线度是否合格。

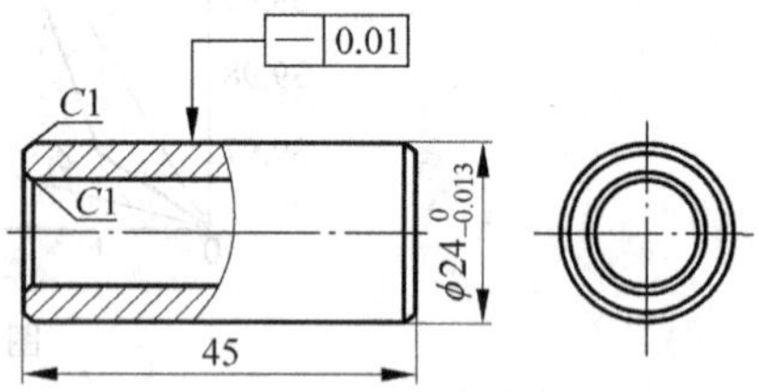


图 4-12　活塞销

**思考**

① 什么是直线度公差？什么是直线度误差？
② 直线度公差有哪几个要素组成？
③ 如何用最大距离法计算直线度误差值？

TWO

# 项目二　圆度误差的测量

### 学习分目标

(1) 理解圆度公差的含义。
(2) 掌握圆度误差的检测方法。
(3) 掌握圆度误差测量的测量步骤。
(4) 会利用仪器来测量零件的圆度。

## 任务　利用两点法测量圆度误差

## 一、案例

如图 4-13 所示为一冲压模导套的零件图，此零件有圆度公差要求，试对其进行测量，检验圆度是否在规定的公差范围内。

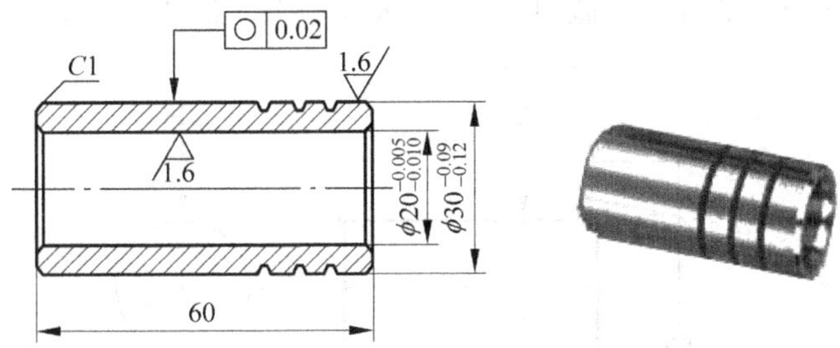


图 4-13　冲压模导套

## 二、案例分析

根据图 4-13 可知，被测零件是一段长为 60mm、直径为 $\phi$30mm 的导套，图纸要求该导套的圆度公差为 0.02mm，即被测圆柱面的任一正截面上的圆周必须位于半径差为 0.02mm 的两同心圆之内。

对于此类零件的形状误差检测，只要任意选定几处外圆柱表面，用指示器法分别测量不同的截面，观察百分表在该截面上所示的最大值与最小值，然后将其差值的一半作为该截面的圆度误差，用此误差值与给定的圆度公差值进行比较，并判断零件是否合格。

## 三、测量工具选择

测量工具：带指示器的测量架、平板、可调支承、固定支承等。

## 四、测量方法、步骤与数据处理

### 1. 测量方法

利用两点法对零件进行测量(如图 4-14 所示)，就是在直径上对称放置的一个固定测量支承和一个可在测量方向上移动的测头之间所进行的测量。

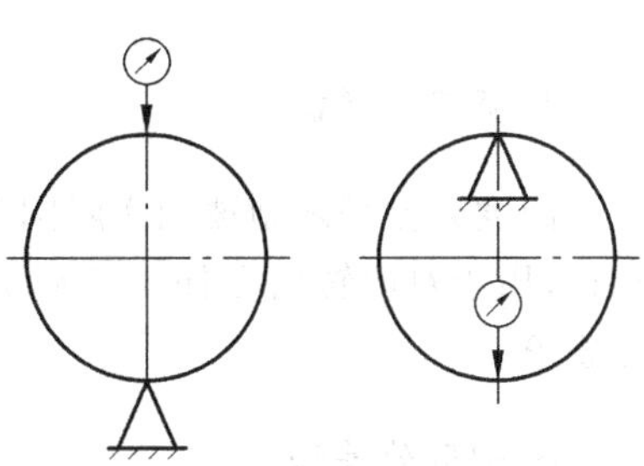

图 4-14　利用两点法测量圆度示意图

### 2. 测量步骤

如图 4-15 所示，测量步骤如下：

① 将被测零件放置在平台上，在测量过程中要防止零件轴向移动。

② 用指示器的触头与被测要素进行接触，调整指示器指针转向“零”刻度。

③ 在被测零件回转一周过程中，观察指示器指针的波动，将最大读数与最小读数的差值之半作为单个截面的圆度误差。

④ 按上述方法测量若干个截面，取其中最大的误差值作为该零件的圆度误差。

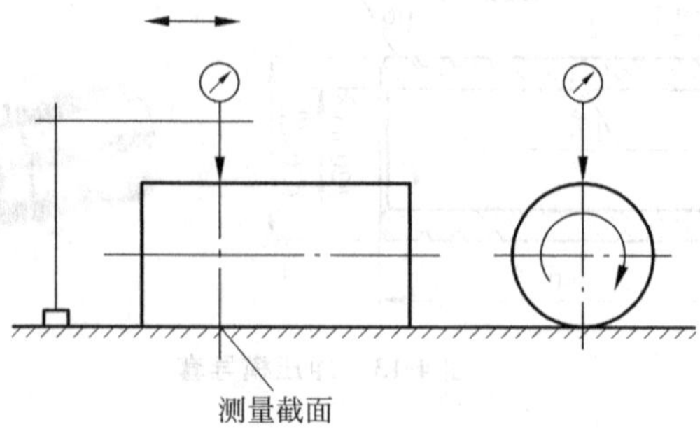


图 4-15 圆度测量的示意图

注意

在测量过程中，一定要使指示器的触头与被测截面的最大直径处进行接触，以保证测量值的准确。

### 3. 测量数据处理

测量数据处理表如表 4-3 所示。

表 4-3 导套圆度测量数据处理表

| 测量次数 | 1 | 2 | 3 | 4 | 5 | 结果 | 是否合格 |
|---|---|---|---|---|---|---|---|
| 测量差值/mm | 0.017 | 0.014 | 0.015 | 0.018 | 0.016 | 0.009 | 是 |

该零件的圆度误差 $f=0.018/2=0.009$mm。

结论：圆柱面的圆度误差约为 0.009mm，测量结果反映该零件的圆度误差合格。

## 五、相关知识

### 1. 圆度公差概念

圆度公差是限制被测实际圆对其理想圆变动量的一项指标，用于对回转面在任一正截面上的圆轮廓提出形状精度要求。

### 2. 圆度公差带

圆度公差带是指在同一正截面上，半径差为公差值 $t$ 的两同心圆之间的区域，如图 4-16 所示。

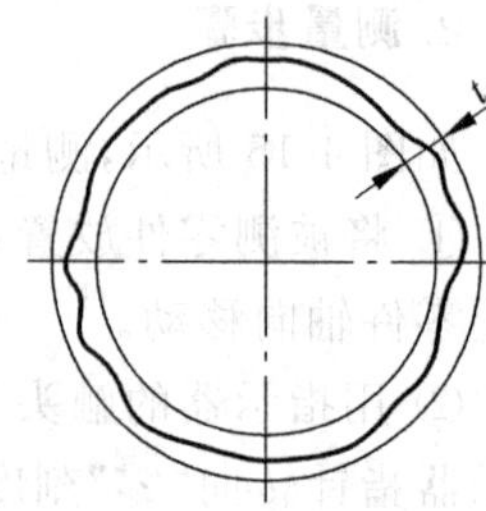


图 4-16 圆度公差带示意图

## 六、任务布置

试用两点法测量图 4-17 中冲压模导柱的圆度误差，写出测量步骤，记录测量数据，编制测量数据表并判断零件的圆度是否合格。

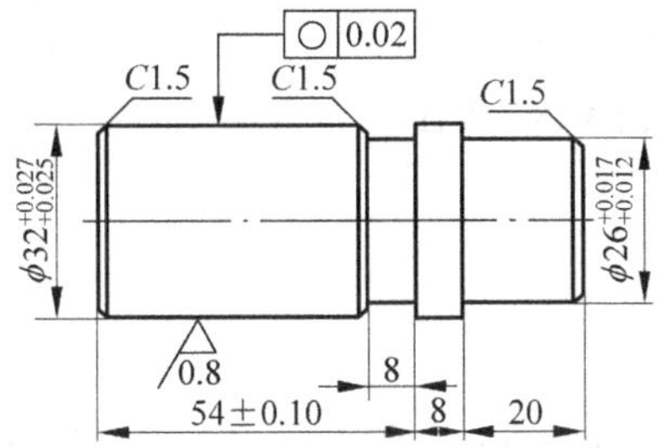


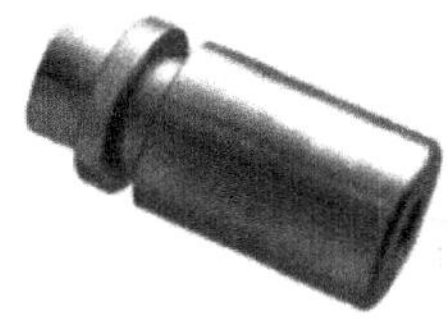

图 4-17　冲压模导柱

**思考**

① 什么是圆度公差？
② 试绘制简图说明圆度公差带。

THREE

# 项目三　圆柱度误差的测量

## 学习分目标

(1) 理解圆柱度公差的含义。
(2) 掌握圆柱度误差的检测方法。
(3) 掌握圆柱度误差测量的测量步骤。
(4) 会利用仪器来测量零件的圆柱度。

### 任务　利用两点法测量圆柱度误差

## 一、案例

如图 4-18 所示为导柱的零件图，此零件有圆柱度公差要求，试对其进行测量，检验该零件的圆柱度误差是否在规定的公差值范围内。

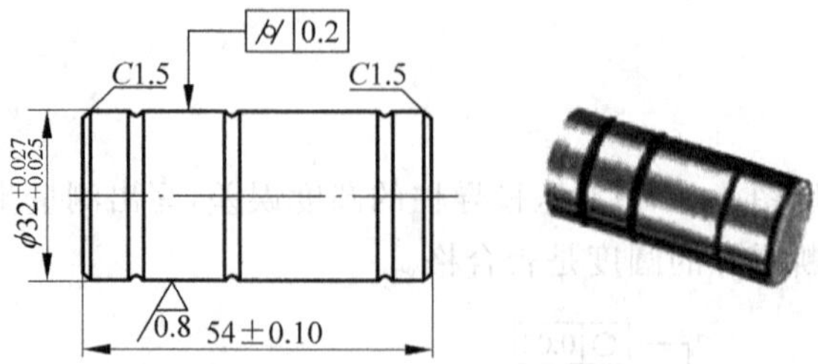


图 4-18 导柱

## 二、案例分析

由图 4-18 可知：被测零件是一段长为 54mm、直径为 $\phi$32mm 有圆柱度公差要求的导柱，并要求其圆柱度误差不得超过 0.2mm，即被测圆柱面必须位于半径差为公差值 0.2mm 的两同心轴圆柱面之间。

## 三、测量工具选择

测量工具：带指示器的测量架、平板、直角座。

## 四、测量方法、步骤与数据处理

### 1. 测量方法

对于此零件，可以把其(导柱)放在直角座上进行测量，转动工件观察指针偏移程度的不同，最大值与最小值的差值即为圆柱度误差数值。

### 2. 测量步骤

圆柱度测量的示意图如图 4-19 所示，测量步骤如下：

① 将被测零件紧靠在直角座上(如果被测零件稍大，也可将被测零件放置在平板上，并紧靠直角座)，使指示器的触头与被测要素进行接触，并保证始终处于零件的最大直径处。

② 使被测圆柱面紧贴着直角座回转一周，并观察指示器指针的波动，取最大读数与最小读数的差值之半，作为单个截面的圆柱度误差。

③ 按上述方法连续测量若干个横截面，然后取所有截面上所测得的最大误差值作为该零件的圆柱度误差。

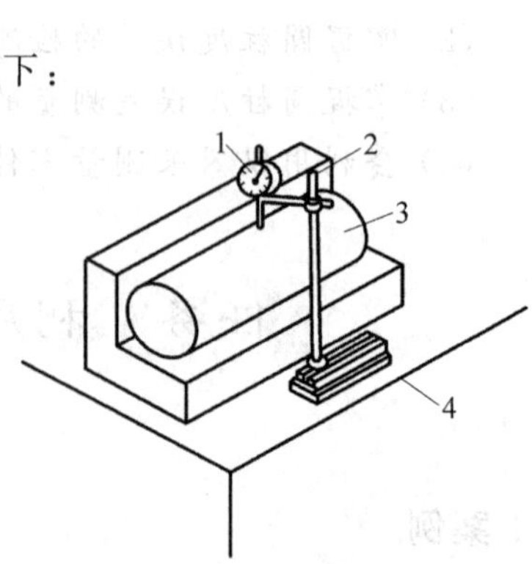


图 4-19 圆柱度测量的示意图

1—指示器；2—直角座；3—被测零件；4—平板

@注意

① 圆柱度误差的测量方法与圆度误差的测量方法基本一致，只是在测量过程中，圆柱度的测量选取的测量截面一般要比较多，圆度误差的测量截面则要少于圆柱度的截面个数。

② 在测量时，测量头也可以沿螺旋线进行移动。

### 3. 测量数据处理

导柱圆柱度误差测量数据处理表如表 4-4 所示。

**表 4-4　导柱圆柱度误差测量数据处理表**

| 测量次数 | 1 | 2 | 3 | 4 | 5 | 6 | 结果 | 是否合格 |
|---|---|---|---|---|---|---|---|---|
| 测量最大值 | 32.025 | 32.026 | 32.027 | 32.025 | 32.026 | 32.026 | | |
| 测量最小值 | 32.027 | 32.027 | 32.026 | 32.027 | 32.027 | 32.027 | 0.001 | 是 |
| 差值 | 0.002 | 0.001 | 0.001 | 0.002 | 0.001 | 0.001 | | |

该零件的圆柱度误差为 $f=0.002/2=0.001$mm。

结论：该零件的圆柱度误差约为 0.001mm，小于规定的 0.2mm，测量结果表明该零件的圆柱度误差合格。

## 五、相关知识

### 1. 圆柱度公差概念

圆柱度公差是限制被测实际圆柱面对其理想圆柱面变动量的一项指标，用于对圆柱所有的正截面和纵截面上的轮廓提出综合性形状精度要求。

### 2. 圆柱度公差带

圆柱度公差带是指半径差为公差值 $t$ 的两同轴圆柱面之间的区域，如图 4-20 所示。

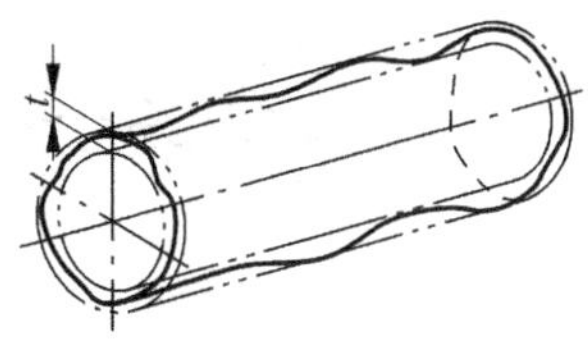

**图 4-20　圆柱度公差带示意图**

## 六、任务布置

试用两点法测量如图 4-21 所示导套的圆柱度误差，写出测量步骤，记录测量数据，编制测量数据表并判断零件的圆柱度是否合格。

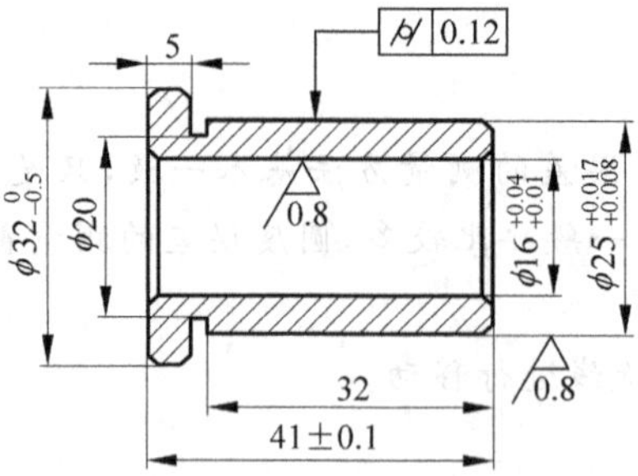

图 4-21 导套

思考

① 什么是圆柱度公差？
② 试绘制简图说明圆柱度公差带。
③ 简述圆度公差与圆柱度公差在检测方法上有何不同。

FOUR

# 项目四 平行度误差的测量

## 学习分目标

(1) 理解平行度公差的含义。
(2) 掌握平行度误差的检测方法。
(3) 掌握检测平行度误差的测量步骤。
(4) 会利用量具来测量零件的平行度误差。

## 任务一 线对线的平行度误差的测量

### 一、案例

如图 4-22 所示为一支架的零件图，试检测该零件轴线的平行度误差是否在规定的公差范围内。

### 二、案例分析

由图 4-22 可知：被测轴线为 $\phi D$ 的中心线，而基准轴线则为 $\phi D_1$ 的中心线，要求 $\phi D$

轴线相对于 $\phi D_1$ 轴线的平行度公差为 0.1mm。

在线对线的平行度检测中，如果基准轴线为一孔的轴线，这时可在孔中插入一根心轴来模拟基准轴线，如果基准轴线为一圆柱的轴线，这时可以用顶尖等多种方法来模拟轴线，然后再对被测要素进行检测。

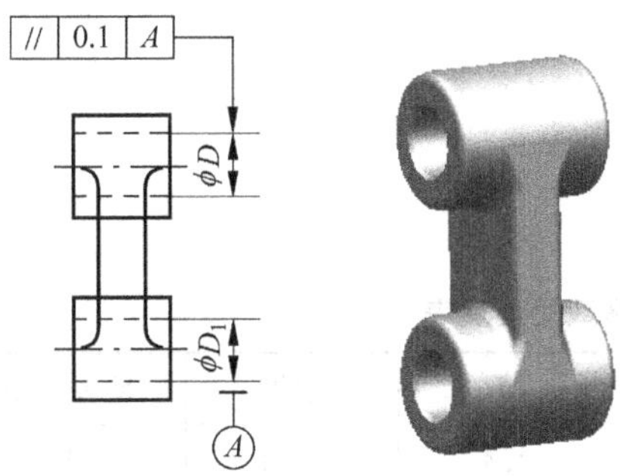


图 4-22　支架零件

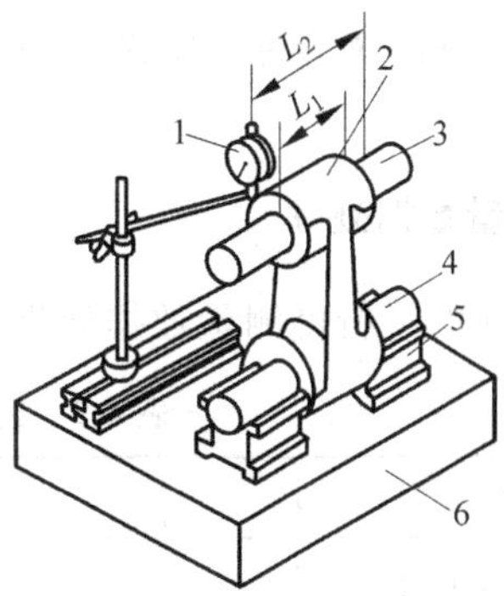


图 4-23　线对线的平行度测量示意图

1—指示器；2—被测零件；3、4—心轴；5—V 形块；6—平板

## 三、测量工具选择

测量工具：带有指示器的测量架、平板、等高支承，心轴两根。

## 四、测量方法、步骤与数据处理

### 1. 测量方法与步骤

线对线的平行度测量示意图如图 4-23 所示，测量方法与步骤如下：

① 将准备好的两个等高的 V 形块放在平板（或平台）上，并用测微表采用打表法将 V 形块调整水平。

② 将模拟基准轴线的心轴支承在等高 V 形块上。

③ 调整两轴线位于垂直于平板工作面的同一平面上。

④ 用指示器测量相距为 $L_2$ 两个位置处心轴上端的素线，分别测得读数为 $M_1$ 和 $M_2$，按下式求得该零件的平行度误差：

$$f = \frac{L_1}{L_2}\left|M_1 - M_2\right|$$

式中，$L_1$ 为被测轴线的长度（或给定长度）(mm)；$L_2$ 为测量长度(mm)；$M_1$、$M_2$ 为在测量长度两端读数值(mm)。

说明

① 基准轴线和轴线均以心轴模拟。

② 当被测零件在互相垂直的两个方向上给定公差要求时，则可按上述方法在两个方向上分别测量。

③ 测量时，应选用可胀式(或与孔成无间隙配合的)心轴。

### 2. 测量数据处理

线对线的平行度测量数据处理表如表 4-5 所示。

表 4-5 线对线的平行度测量数据处理表

| 需测值 | $L_1$ | $L_2$ | $M_1$ | $M_2$ | 结果 | 是否合格 |
|---|---|---|---|---|---|---|
| 测量值/mm | 50 | 70 | 4.2 | 4.4 | 0.14 | 否 |

将数值代入公式得出该零件的平行度误差为 $f=0.14$mm。

结论：根据所得数值，可知零件轴线的平行度误差大于要求的 0.1mm，所以该零件轴线的平行度不合格。

## 五、相关知识

对于线对线平行度公差，被测要素为直线，基准要素也为直线，通常此类平行度公差有两种情况。

① 公差带是距离为公差值 $t$ 且平行于基准轴线，并位于给定方向上的两平行平面间的区域，如图 4-24 所示。

② 公差带是直径为公差值 $\phi t$，且平行于基准轴线的圆柱面内的区域，如图 4-25 所示。

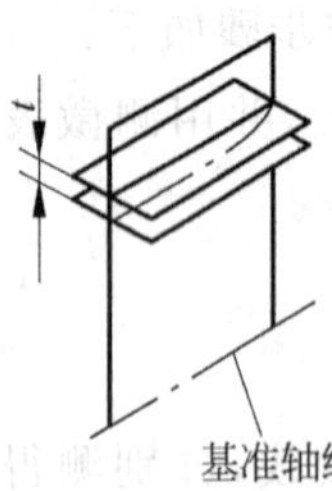


图 4-24 平行度公差带为给定方向上的示意图

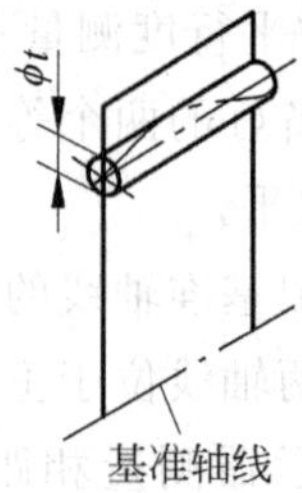


图 4-25 平行度公差带为任意方向上的示意图

说明

如何区分公差带的两种情况，最简单的方法便是观察图形上标注的公差值，根据公差而定。如标注为 $t$ 时，公差带的形状则为平行于基准轴线的两平行平面间的区域；如标注为 $\phi t$ 时，公差带的形状则为平行于基准轴线的圆柱面内的区域。

## 六、任务布置

试测量如图 4-26 所示曲轴的平行度误差，写出测量步骤，记录测量数据，编制测量数据表并判断零件的平行度误差是否合格。

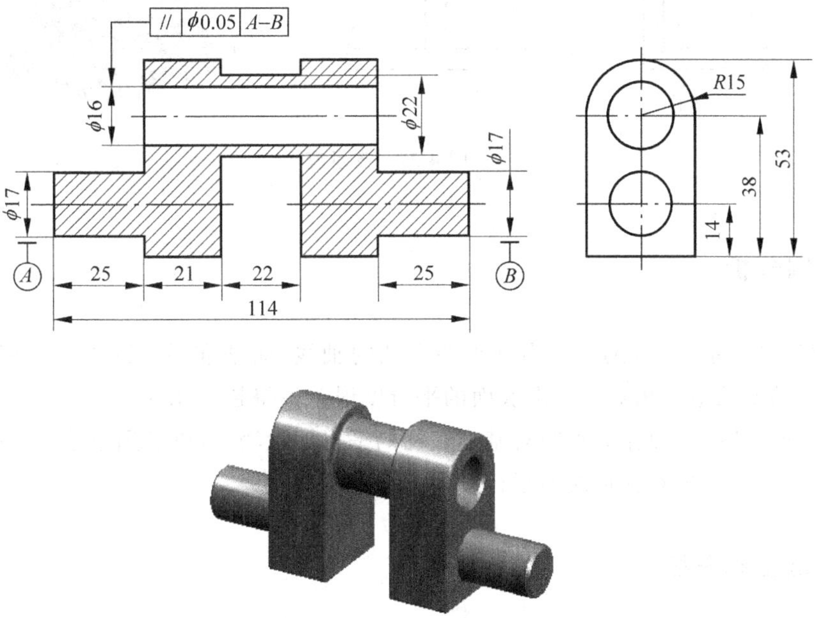


图 4-26　曲轴

**思考**

① 什么是线对线的平行度公差？
② 试绘制简图说明线对线平行度公差带。

# 任务二　线对面的平行度误差的测量

## 一、案例

如图 4-27 所示为一支承座的零件图，根据图中要求，对支承孔中心线对底面基准的平行度进行检测，并判定零件是否符合技术要求。

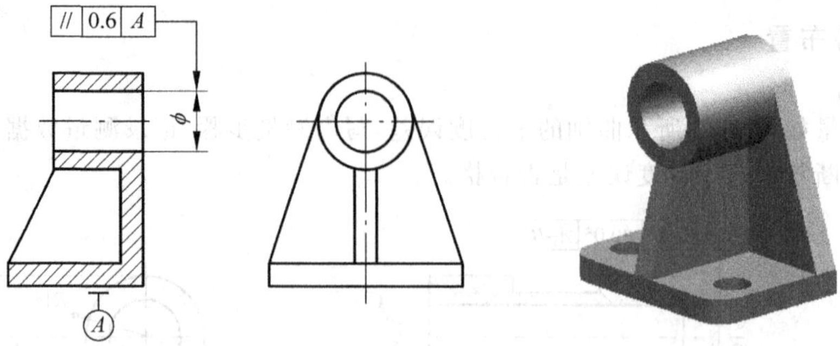


图 4-27 支承座

## 二、案例分析

由图 4-27 可知：被测要素为支承座上孔的轴线，而基准要素则为支承座的底平面，要求轴线的变动范围相对于基准底面的平行度误差不得超过 0.06mm。

对于此类零件，即孔的轴线对基准底面的平行度检测，可以利用心轴插入孔内来模拟孔的中心线，然后再对其轴线的平行度误差进行检测。

## 三、测量工具选择

测量工具：带有指示器的测量架、平板、心轴。

## 四、测量方法、步骤与数据处理

### 1. 测量方法与步骤

线对面的平行度测量示意图如图 4-28 所示，测量方法与步骤如下。

① 将被测零件直接放置在平板上。

② 用指示器测量相距为 $L_2$ 的两个位置上心轴上端的素线，记录测得读数为 $M_1$ 和 $M_2$，按下式求得该零件的平行度误差：

$$f = \frac{L_1}{L_2}|M_1 - M_2|$$

式中，$L_1$ 为被测轴线的长度（或给定长度）(mm)；$L_2$ 为测量长度(mm)；$M_1$、$M_2$ 为在测量长度两端的读数值(mm)。

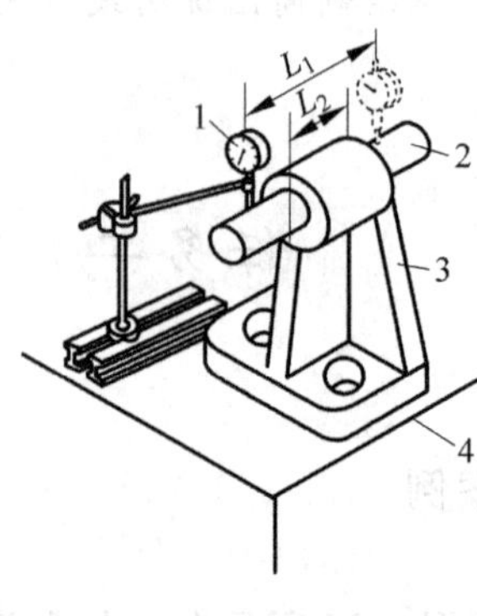


图 4-28 线对面的平行度测量示意图

1—指示器；2—轴；3—被测零件；4—平板

**说明**

① 被测轴线由心轴模拟。

② 测量时，应选用可胀式（或与孔成无间隙配合的）心轴。

### 2. 测量数据处理

线对面的平行度测量数据处理表如表 4-6 所示。

表 4-6　线对面的平行度测量数据处理表

| 测量数据 | $L_1$ | $L_2$ | $M_1$ | $M_2$ | 结果 | 是否合格 |
|---|---|---|---|---|---|---|
| 测量值/mm | 50 | 70 | 0.6 | 0.25 | 0.25 | 否 |

将数值代入公式得出该零件的平行度误差为 $f$=0.77mm。

结论：根据计算结果可知，零件的平行度误差约为 0.25mm，大于 0.06mm，所以该零件的平行度不合格。

## 五、相关知识

### 1. 线对面平行度公差概念

被测要素为一条直线，基准要素为一给定平面，这时平行度公差是限制被测的实际直线对其给定的基准平面的一个变动量。

### 2. 线对面平行度公差带

平行度的公差带是距离为公差值 $t$，且平行于基准平面的两平行平面间的区域，如图 4-29所示。

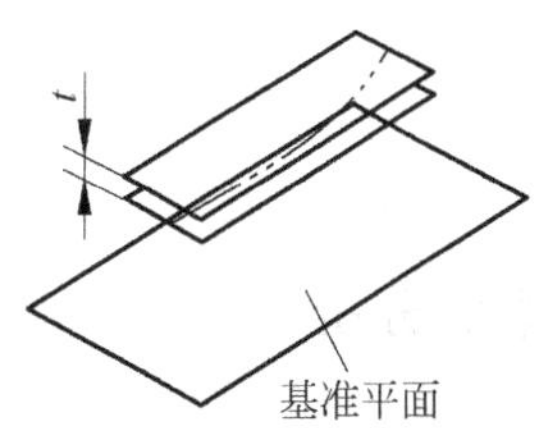


图 4-29　线对面的平行度公差带示意图

## 六、任务布置

试测量如图 4-30 所示支承座的平行度误差，写出测量步骤，记录测量数据，编制测量数据表并判断零件的平行度是否合格。

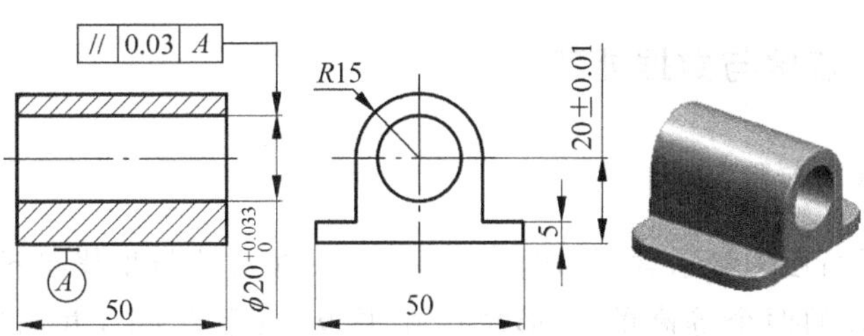


图 4-30　支承座

思考

① 什么是线对面的平行度公差？
② 试绘制简图说明线对面平行度公差带。

## 任务三　面对线的平行度误差的测量

### 一、案例

如图 4-31 所示为一个带有平面的轴类零件。根据图中要求，可知该轴类零件的上表面有平行度要求，所以需要对该表面进行测量。检测该平面对基准轴线的平行度误差是否符合要求，是否在规定的公差值范围内。

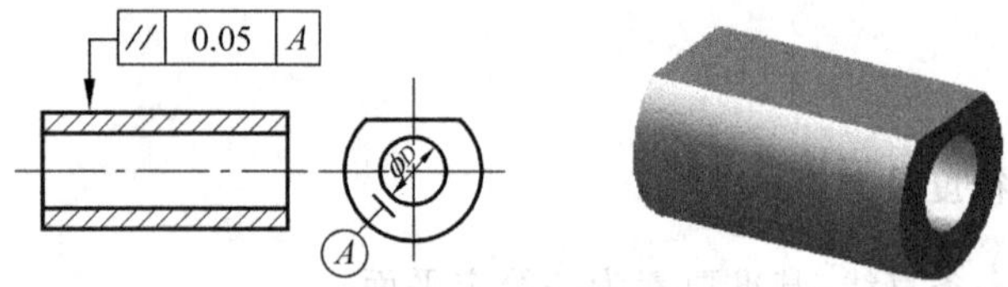


图 4-31　带有平面的轴

### 二、案例分析

由图 4-31 可知：被检测表面为空心轴的上平面，基准为 $\phi D$ 孔的轴线，要求被测表面对基准轴线必须位于距离为公差值 0.05mm，且平行于基准轴线的两平行平面之间。

### 三、测量工具选择

测量工具：带有指示器的测量架（如测微仪）、平板、等高支承、心轴。

### 四、测量方法、步骤与数据处理

#### 1. 测量方法与步骤

面对线的平行度测量示意图如图 4-32 所示，测量方法与步骤如下。

① 将准备好的两个等高的 V 形块放在平板（或平台）上，并用适当的工具将两个 V 形块调整水平。

② 将被测零件放在等高支承上，调整(转动)该零件使零件的上表面与基准平面平行，然后测量整个被测表面并记录读数。

③ 取整个测量过程中指示器的最大与最小读数之差作为该零件的平行度误差。即零件的平行度误差为

$$f = f_{max} - f_{min}$$

式中，$f_{max}$为最大测量值(mm)；$f_{min}$为最小测量值(mm)。

**说明**

① 测量时应选用可胀式(或与孔成无间隙配合的)心轴。

② 在调整零件上表面与基准平面平行时，如图 4-33 所示，调整平面上最外侧的两点使 $L_1=L_2$，调好后就可以进行测量了。

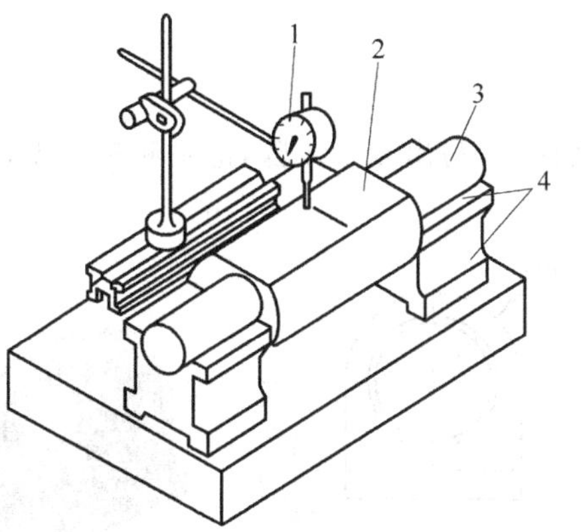


图 4-32　面对线的平行度测量示意图

1—指示器；2—被测零件；3—心轴；4—等高支承

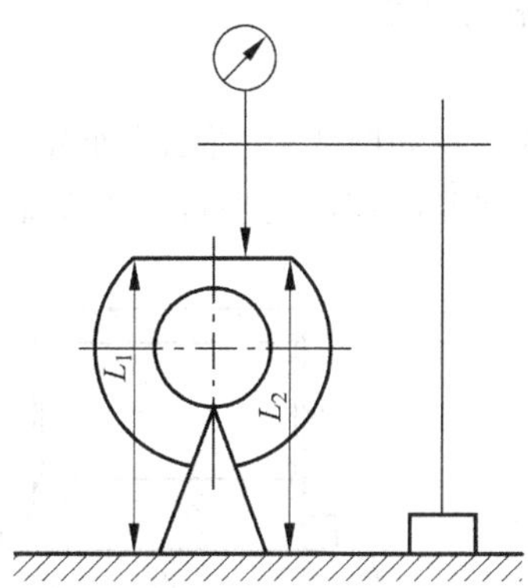


图 4-33　平面调整示意图

### 2. 测量数据处理

面对线的平行度测量数据表和数据处理表如表 4-7 和表 4-8 所示。

表 4-7　面对线的平行度测量数据表

| 测量次数 | 1 | 2 | 3 | 4 | 5 | 结果 | 是否合格 |
|---|---|---|---|---|---|---|---|
| 测量值/mm | 0.69 | 0.68 | 0.71 | 0.69 | 0.70 | 0.03 | 是 |

表 4-8　面对线的平行度测量数据处理表　　单位：mm

| | |
|---|---|
| 最大测量值 $f_{max}$ | 0.71 |
| 最小测量值 $f_{min}$ | 0.68 |
| 计算结果 $f$ | 0.03 |

结论：测量结果表明，零件的平行度约为 0.03mm，小于要求的 0.05mm，所以该零件的平行度合格。

## 五、相关知识

### 1. 面对线平行度公差概念

被测要素为一平面，基准要素为一给定直线，这时平行度公差是限制被测的实际平面对其给定的基准直线的一个变动量。

### 2. 面对线平行度公差带

面对线平行度公差带是距离为公差值 $t$，且平行于基准轴线的两平行平面间的区域，如图 4-34 所示。

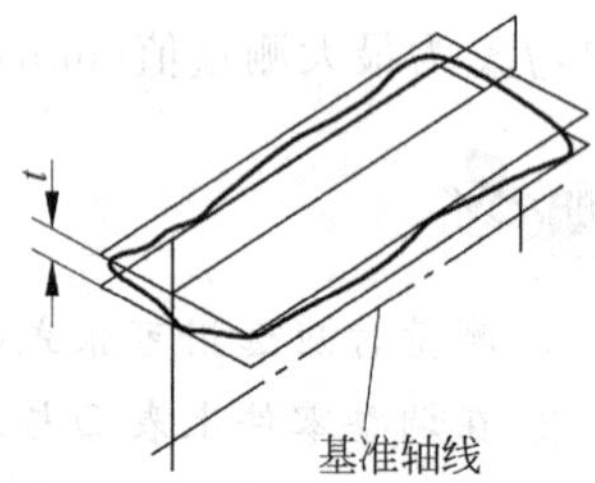


图 4-34 面对线平行度公差带示意图

## 六、任务布置

试测量如图 4-35 所示支承座的平行度误差，写出测量步骤，记录测量数据，编制测量数据表并判断零件的平行度误差是否合格。

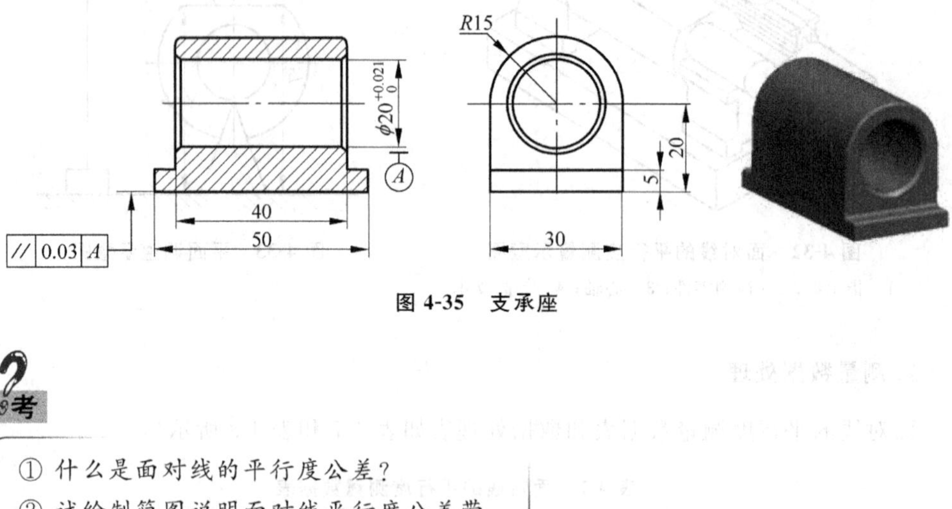


图 4-35 支承座

思考

① 什么是面对线的平行度公差？
② 试绘制简图说明面对线平行度公差带。

# 任务四 面对面的平行度误差的测量

## 一、案例

如图 4-36 所示为一支座，根据图中要求，可知支座的上表面有平行度要求，所以需要对该表面进行测量。检测该平面对基准平面的平行度误差是否符合要求，是否在规定的公差值范围内。

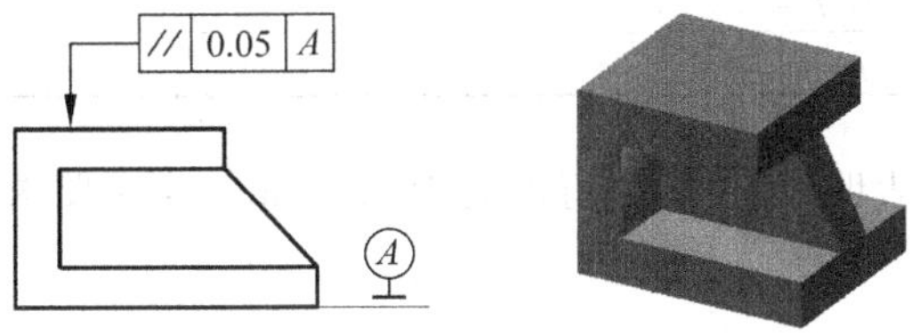


图 4-36　支座

## 二、案例分析

由图 4-36 可知：被测要素为支座的上表面，而基准要素则为支承座的底平面，要求被测表面的变动范围必须位于距离为公差值 0.05mm，且平行于底平面的两平行平面之间。

## 三、测量工具选择

测量工具：带有指示器的测量架（如测微仪）、平板。

## 四、测量方法、步骤与数据处理

### 1. 测量方法与步骤

面对面的平行度测量示意图如图 4-37 所示，测量方法与步骤如下：

① 将被测零件直接放置在平板上。

② 在整个被测表面上按规定测量线进行测量。

③ 取指示器的最大与最小读数之差作为该零件的平行度误差，即零件的平行度误差为

$$f = f_{\max} - f_{\min}$$

式中，$f_{\max}$ 为最大测量值(mm)；$f_{\min}$ 为最小测量值(mm)。

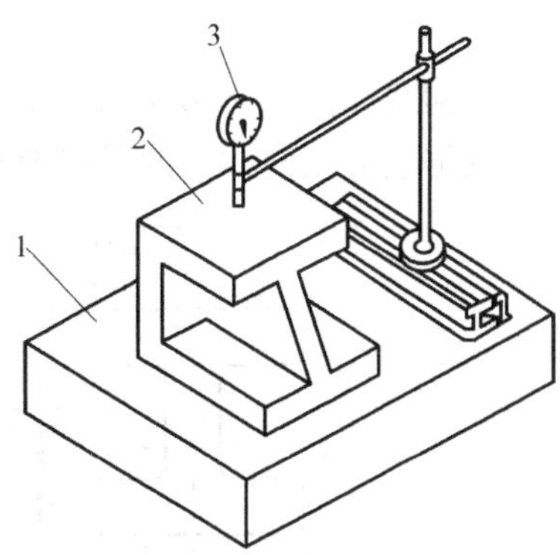


图 4-37　面对面的平行度测量示意图

1—指示器；2—被测零件；3—平板

### 2. 测量数据处理

面对面的平行度测量数据表和数据处理表如表 4-9 和表 4-10 所示。

表 4-9　面对面的平行度测量数据表

| 测量次数 | 1 | 2 | 3 | 4 | 5 | 结果 | 是否合格 |
|---|---|---|---|---|---|---|---|
| 测量值/mm | 0.34 | 0.37 | 0.35 | 0.38 | 0.36 | 0.04 | 是 |

表 4-10 面对面的平行度测量数据处理表 单位：mm

| | |
|---|---|
| 最大测量值 $f_{max}$ | 0.38 |
| 最小测量值 $f_{min}$ | 0.34 |
| 计算结果 $f$ | 0.04 |

结论：测量结果表明，零件的平行度约为 0.04mm，小于要求的 0.05mm，所以该零件的平行度合格。

## 五、相关知识

### 1. 面对面平行度公差概念

被测要素为一平面，基准要素也为一给定平面，这时平行度公差是限制被测的实际平面对其给定的基准平面的一个变动量。

### 2. 面对面平行度公差带

面对面平行度公差带是距离为公差值 $t$，且平行于基准平面的两平行平面间的区域，如图 4-38 所示。

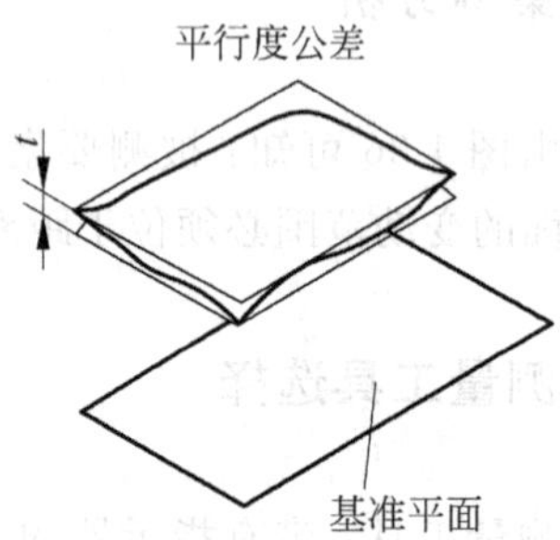


图 4-38 面对面平行度公差带示意图

## 六、任务布置

试测量如图 4-39 所示工字形支架的平行度误差，写出测量步骤，记录测量数据，编制测量数据表并判断零件的平行度是否合格。

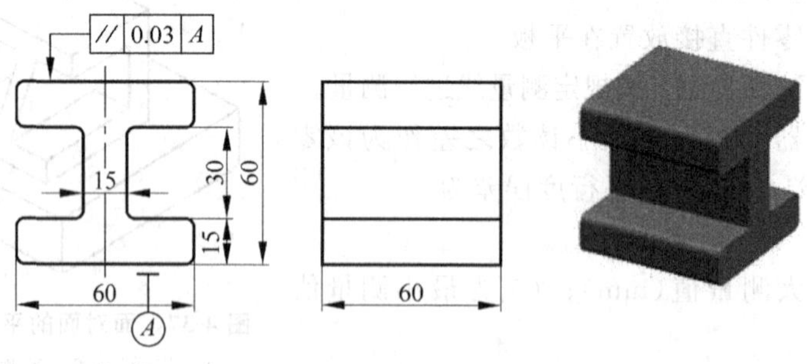


图 4-39 工字形支架

思考

① 什么是面对面的平行度公差？
② 试绘制简图说明面对面平行度公差带。

FIVE

# 项目五　平面度误差的测量

## 学习分目标

(1) 理解平面度公差的含义。

(2) 掌握平面度误差的检测方法。

(3) 掌握平面度误差测量的测量步骤。

(4) 会利用指示器法测量平面度误差。

## 任务　利用指示器测量平面度误差

### 一、案例

如图 4-40 所示平板零件的上表面有平面度要求，所以需要对该表面进行测量。检测该平面的平面度误差是否符合要求，是否在规定的公差值范围内。

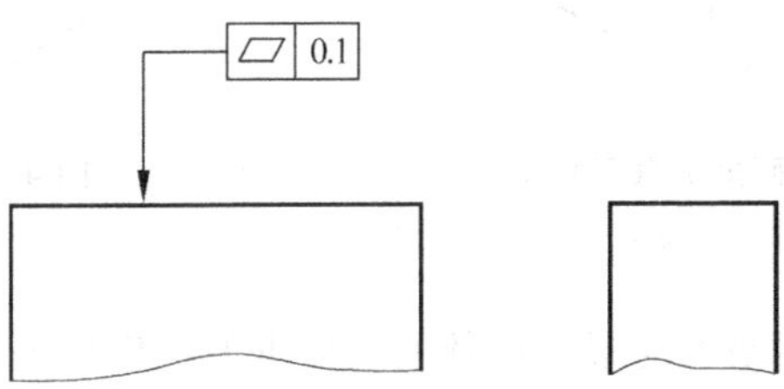


图 4-40　平板

### 二、案例分析

由图 4-40 可知：被测要素为平板的上表面，被测表面的变动范围必须位于距离为公差值 0.1mm 的两平行平面之内，如果超出这个范围，该表面的平面度则不合格。

### 三、测量工具选择

测量工具：带有指示器的测量架(如测微仪)、测量基准(如平板)、固定支承、可调支承。

## 四、测量方法、步骤与数据处理

### 1. 测量方法与步骤

测量方法：利用指示器法对零件进行测量，如图 4-41 所示。

测量步骤：

① 将被测零件支承在平板上，调整被测表面任意三远点，使其与平板等高。

② 按一定的布点测量被测表面，同时记录读数，如图 4-42 所示。

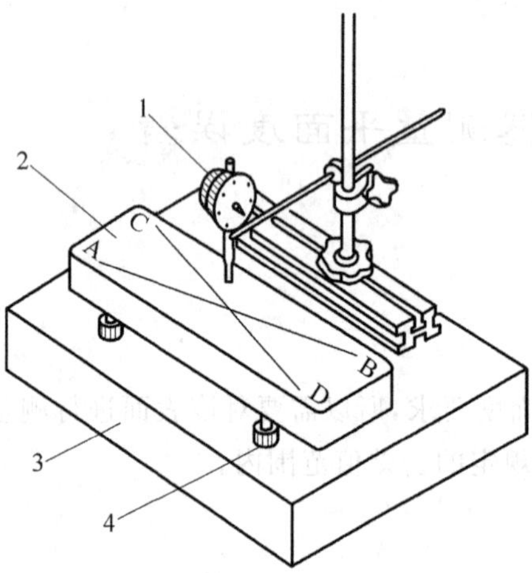


图 4-41 平面度测量示意图

1—指示器；2—被测零件；3—平板车；4—可调支承

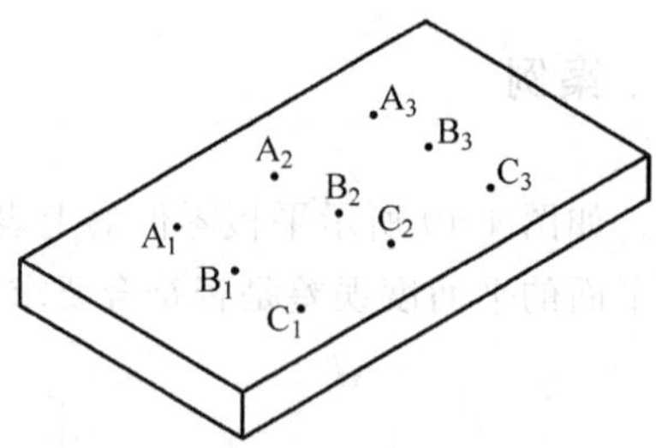


图 4-42 平面取点示意图

③ 一般可用指示器最大与最小读数的差值近似地作为平面度误差，即零件的平面度误差为

$$f = f_{max} - f_{min}$$

式中，$f_{max}$为最大测量值(mm)；$f_{min}$为最小测量值(mm)。

**说明**

该方法适用于中、小平面的平面度误差测量，必要时可根据记录的读数用计算法(或图解法)按最小条件计算平面度误差。

### 2. 测量数据处理

平面度测量数据表如表 4-11 所示。

表 4-11　平面度测量数据表

| 测点 | $A_1$ | $A_2$ | $A_3$ | $B_1$ | $B_2$ | $B_3$ | $C_1$ | $C_2$ | $C_3$ |
|---|---|---|---|---|---|---|---|---|---|
| 读数/mm | +0.06 | −0.06 | +0.05 | +0.07 | −0.02 | +0.04 | +0.07 | −0.03 | +0.04 |

该平面的平面度误差为

$$f = f_{\max} - f_{\min} = 0.07 - (-0.06) = 0.13\text{mm}$$

结论：根据计算可知，零件的平面度约为 0.13mm，大于要求的 0.1mm，所以该零件的平面度不合格。

## 五、相关知识

### 1. 理想平面

理想平面是指具有几何学意义的平面，如图 4-43 所示。

### 2. 实际平面

实际平面是指零件上实际存在的平面。

### 3. 测量平面

测量平面是指测量时按规定方法，由实际平面提取有限数目的点所形成的平面。

### 4. 平面度公差带

平面度公差带是距离为公差值 $t$ 的两平行平面之间的区域，如图 4-44 所示。

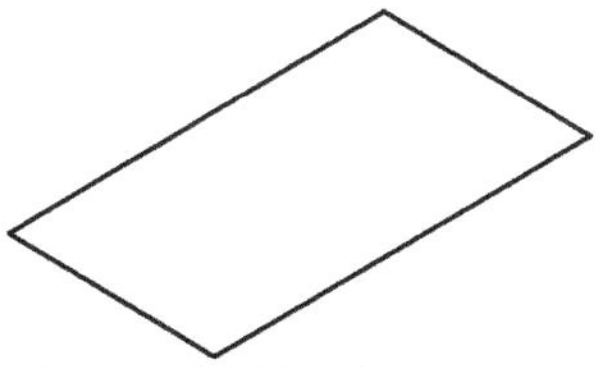

图 4-43　理想平面

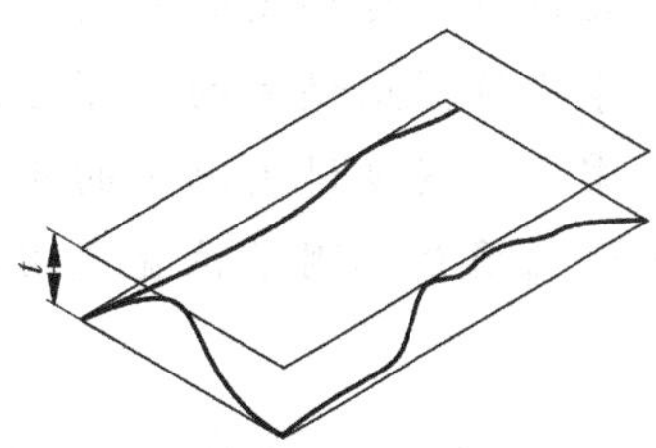


图 4-44　平面度公差带形状示意图

**注意**

> 在评定平面度误差时，用测量所得的平面代替实际平面。

## 六、任务布置

试测量如图 4-45 所示研磨板的平面度误差，写出测量步骤，记录测量数据，编制测量数据表并判断零件的平面度误差是否合格。

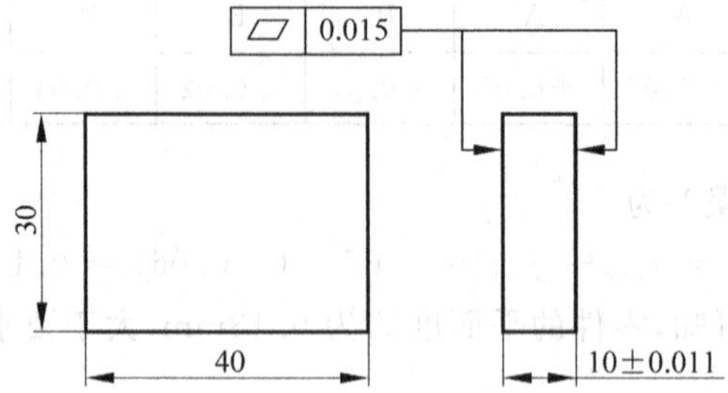


图 4-45 研磨板

思考

① 什么是平面度公差?
② 试绘制简图说明平面度公差带。
③ 说一说用指示器法测量平面度的基本步骤。

SIX

# 项目六 位置度误差的测量

## 学习分目标

(1) 理解位置度公差的含义。
(2) 掌握位置度误差的检测方法。
(3) 掌握位置度误差测量的测量步骤。
(4) 会利用量具测量位置度误差。

## 任务 利用指示器法测量孔的位置度误差

### 一、案例

如图 4-46 所示为一带孔的平板零件,根据图中要求,可知平板上的孔有位置度要求,所以需要对该孔的位置度误差进行测量,并判断该孔的位置度误差是否在规定的公差值范围内。

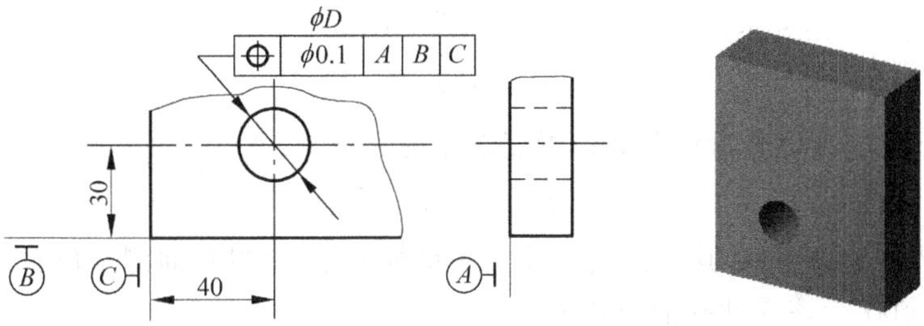


图 4-46　带孔的平板零件

## 二、案例分析

由图 4-46 可知：被测孔的轴线必须位于直径为公差值 $\phi 0.1$mm，且以相对于基准表面(基准平面)$A$、$B$、$C$ 的理论正确尺寸 90°、30mm、40mm 所确定的理想位置为轴线的圆柱面内。

## 三、测量工具选择

测量工具：方箱、指示器、心轴、直角尺、平板。

## 四、测量方法、步骤与数据处理

### 1. 测量方法

测量方法：利用指示器法对零件进行测量，如图 4-47 所示。

### 2. 测量步骤

① 将被测零件固定在方箱上，并将心轴旋转至孔中。

② 将方箱翻转不同的位置，分别测量心轴素线到各基准面的坐标值 $x_1$、$x_2$、$y_1$、$y_2$。根据测得值按下式计算求出被测孔实际轴线的坐标尺寸：

$x$ 方向坐标尺寸

$$x = (x_1 + x_2)/2$$

$y$ 方向坐标尺寸

$$y = (y_1 + y_2)/2$$

③ 将 $x$、$y$ 分别与相应的理论正确尺寸比较，求得：

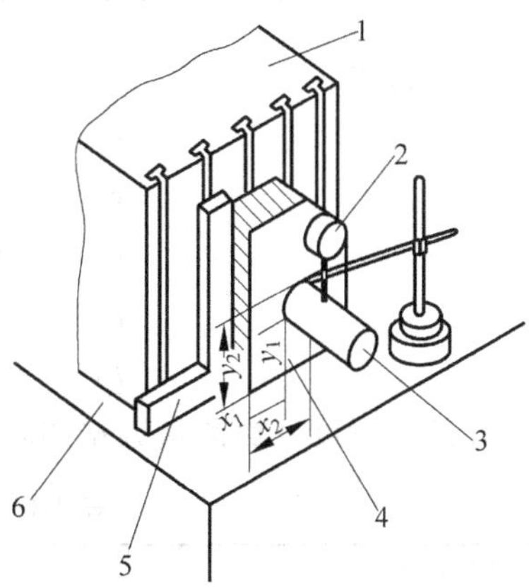


图 4-47　孔的位置度测量示意图

1—方箱；2—指示器；3—心轴；4—被测零件；5—直角尺；6—平板

$$f_x = x - \boxed{x}$$

$$f_y = y - \boxed{y}$$

④ 按下式求出该测量位置处位置度误差为

$$f = 2\sqrt{f_x^2 + f_y^2}$$

⑤ 将被测件翻转，对其背面按上述方法重复测量，求得背面测量位置的误差，取其中误差较大的值作为该零件孔的位置度误差。

**注意**

对于多孔孔组，则按上述方法逐孔测量和计算，若位置度公差带为给定两个方向的四棱柱，则直接取 $2x$、$2y$，分别作为该零件在两个方向上的位置度误差。

**说明**

测量时，应选用可胀式(或与孔成无间隙配合的)心轴，若孔的形状误差对测量结果的影响可以忽略时，则可直接在实际孔壁上测量。

### 3. 测量数据处理

孔的位置度正面测量数据如表 4-12 所示。

**表 4-12 孔的位置度正面测量数据值**

| 测量数据 | $x_1$ | $x_2$ | $y_1$ | $y_2$ | 结果 | 是否合格 |
|---|---|---|---|---|---|---|
| 测量数值/mm | 32.05 | 48.10 | 21.90 | 38.10 | 0.15 | 否 |

通过计算得出

$$x = (32.05 + 48.10)/2 = 40.075$$

$$y = (21.90 + 38.10)/2 = 30.00$$

$$f_x = 40.075 - 40.00 = 0.075$$

$$f_y = 30.00 - 30.00 = 0$$

$$f_{\text{正}} = 0.15$$

孔的位置度背面测量数据如表 4-13 所示。

**表 4-13 孔的位置度背面测量数据值**

| 测量数据 | $x_1$ | $x_2$ | $y_1$ | $y_2$ | 结果 | 是否合格 |
|---|---|---|---|---|---|---|
| 测量数值/mm | 32.10 | 48.00 | 21.70 | 38.08 | 0.24 | 否 |

通过计算得出

$$x = (32.10 + 48.00)/2 = 40.05$$

$$y = (21.70 + 38.08)/2 = 29.89$$

$$f_x = 40.05 - 40.00 = 0.05$$
$$f_y = 29.89 - 30.00 = -0.11$$
$$f_{背} = 0.24$$

将分别测得的正面位置度误差值 $f_{正}$ 与背面位置度误差值 $f_{背}$ 进行比较，由于 $f_{背} > f_{正}$，所以最后得出位置度误差 $f$ 约为 0.24mm。

结论：根据所得数值可知，被测要素的位置度误差约为 0.24mm，大于要求的 0.1mm，所以该零件的位置度不合格。

## 五、相关知识

### 1. 位置度公差的概念

位置度公差是限制被测要素对基准要素所要求的几何关系上的误差。

### 2. 位置度公差带

(1) 点的位置度公差带

点的位置度公差带常见的是直径为公差值 $\phi t$ 或 $S\phi t$，以点的理想位置为中心的圆或球内的区域。如果图中标注的公差值前加注 $S\phi$，则公差带是直径为公差值 $t$ 的球内的区域，球公差带的中心点的位置由相对于基准 $A$ 和 $B$ 的理论正确尺寸确定，如图 4-48 所示。

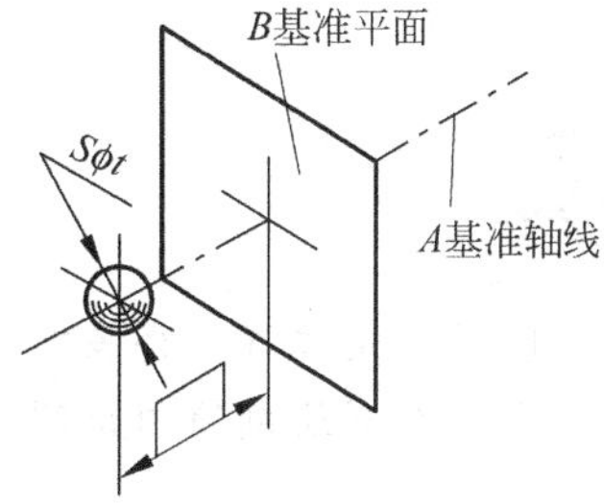


**图 4-48　点的位置度公差带示意图**

(2) 线的位置度公差带

对于线的位置度公差带，当给定一个方向时，公差带是距离为公差值 $t$，中心平面通过线的理想位置，且与给定方向垂直的两平行平面之间的区域；任意方向上，公差带是直径为公差值 $\phi t$，轴线在线的理想位置上的圆柱面内的区域，如图 4-49 所示。

(3) 面的位置度公差带

面的位置度公差带是距离为公差值 $t$，中心平面在面的理想位置上的两平行平面之间的区域，如图 4-50 所示。

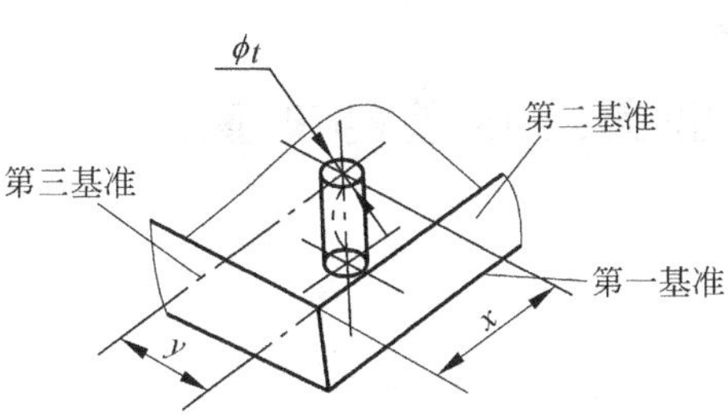


**图 4-49　线的位置度公差带示意图**

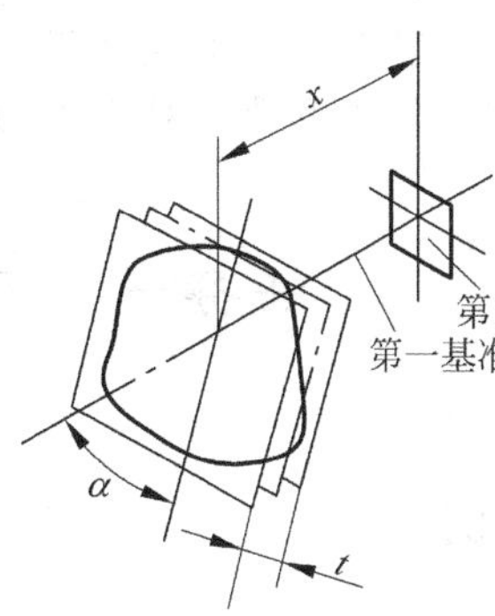


**图 4-50　面的位置度公差带示意图**

## 六、任务布置

试测量如图 4-51 所示定位板的位置度误差，写出测量步骤，记录测量数据，编制测量数据表并判断零件的位置度误差是否合格。

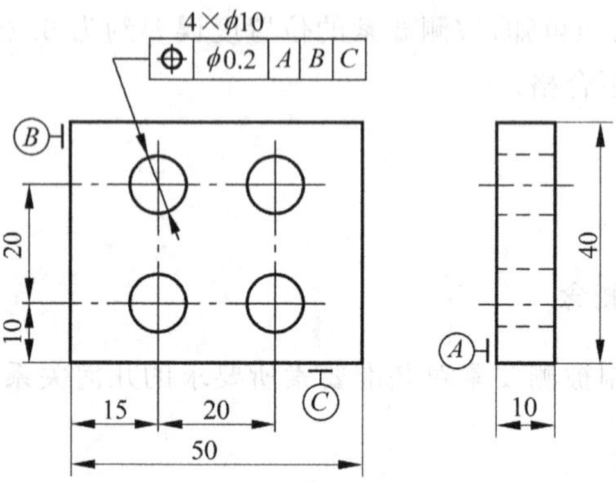


图 4-51　定位板

思考

① 什么是位置度公差？

② 试分别绘制简图说明点、线、面三种位置度公差带。

SEVEN

# 项目七　垂直度误差的测量

## 学习分目标

（1）理解垂直度公差的含义。

（2）掌握垂直度误差的检测方法。

（3）掌握零件垂直度误差的测量步骤。

（4）会利用量具对零件的垂直度误差进行检测。

## 任务一　面对线的垂直度误差的测量

### 一、案例

如图 4-52 所示为一阶梯轴，根据图中要求，可知阶梯轴的一个端面有垂直度要求，所以需要对该端面进行测量，检测该端面对基准轴线的垂直度误差是否符合要求，是否在规定的公差值范围内。

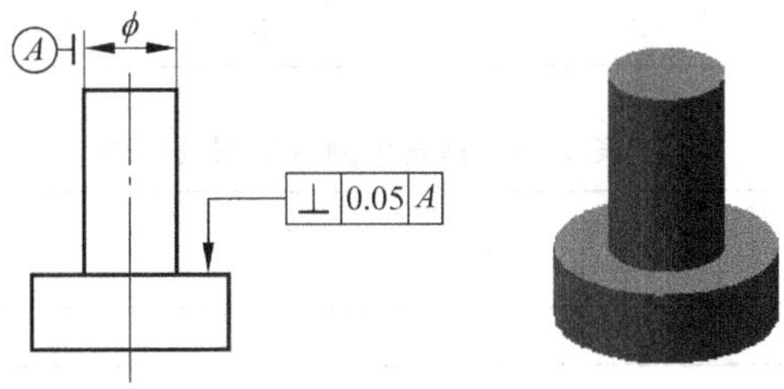


图 4-52　阶梯轴

## 二、案例分析

由图 4-52 可知：被测要素为阶梯轴上的一个表面，要求被测表面的变动范围必须位于距离为公差值 0.05mm，且垂直于基准轴线的两平行平面之间。

## 三、测量工具选择

测量工具：平板、直角座、固定和可调支承、带指示器的测量架等。

## 四、测量方法、步骤与数据处理

### 1. 测量方法与步骤

面对线的垂直度测量示意图如图 4-53 所示，测量方法与步骤如下：

① 先将被测零件通过支承放在平板上。

② 借助直角座将测量架上、下两个指示器均调整归零。

③ 用调好的指示器将基准轴线调整到与平板工作面垂直。

④ 测量整个被测表面，并记录读数。

⑤ 取其中最大读数与最小读数的差值作为该零件的垂直度误差，则垂直度误差为

$$f = f_{max} - f_{min}$$

式中，$f_{max}$ 为最大测量值(mm)；$f_{min}$ 为最小测量值(mm)。

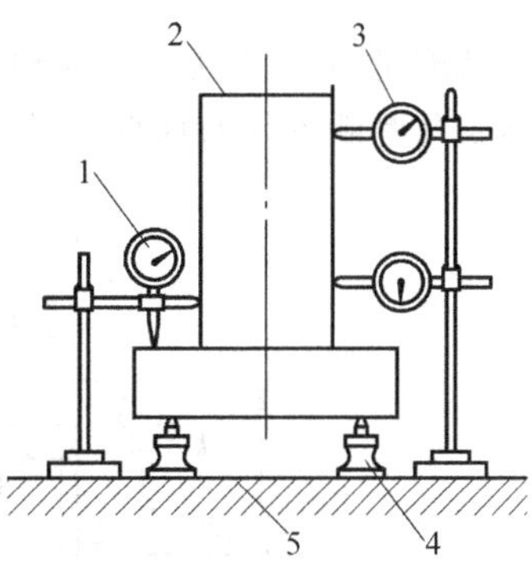


图 4-53　面对线垂直度测量示意图

1、3—指示器；2—被测零件；4—可调支承；5—平板

### 2. 测量数据处理

测量数据表和数据处理表如表 4-14 和表 4-15 所示。

表 4-14 垂直度测量数据表

| 测量次数 | 1 | 2 | 3 | 4 | 5 | 结果 | 是否合格 |
|---|---|---|---|---|---|---|---|
| 测量值/mm | 3.71 | 3.70 | 3.69 | 3.68 | 3.68 | 0.03 | 是 |

表 4-15 垂直度测量数据处理表　　单位：mm

| 最大测量值 $f_{max}$ | 3.71 |
|---|---|
| 最小测量值 $f_{min}$ | 3.68 |
| 计算结果 $f$ | 0.03 |

结论：计算结果表明，零件的垂直度误差约为 0.03mm，小于要求的 0.05mm，所以该零件的垂直度合格。

## 五、相关知识

### 1. 面对线垂直度公差概念

此时被测要素为一平面，基准要素为一给定直线，这时的垂直度公差是限制被测的实际平面对其给定的基准直线的一个变动量。

### 2. 面对线垂直度公差带

此时垂直度的公差带是距离为公差值 $t$，且垂直于基准轴线的两平行平面间的区域，如图 4-54 所示。

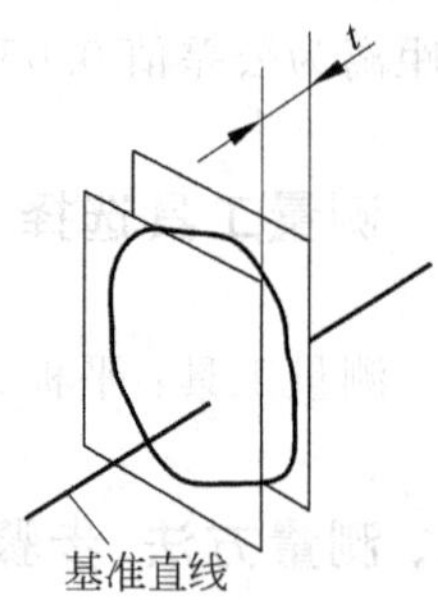


图 4-54 面对线的垂直度公差带示意图

## 六、任务布置

试测量图 4-55 所示启动轴套的垂直度误差，写出测量步骤，记录测量数据，编制测量数据表并判断零件的垂直度误差是否合格。

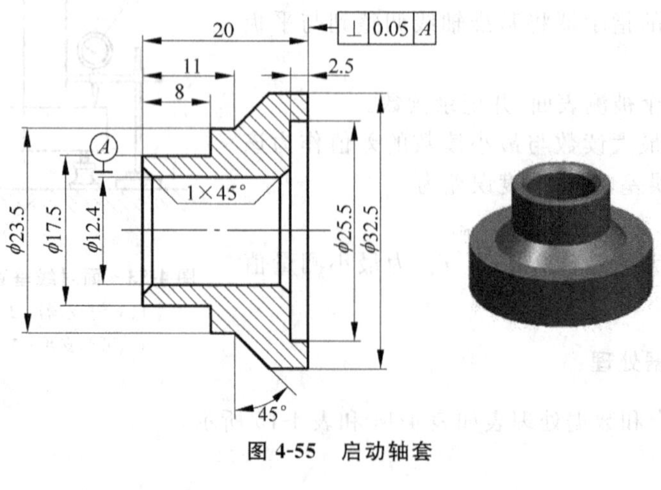


图 4-55 启动轴套

思考

① 什么是面对线的垂直度公差?
② 试绘制简图说明面对线垂直度公差带。

# 任务二　线对面的垂直度误差的测量

## 一、案例

如图 4-56 所示为一密封销钉，根据图中要求，可知 $\phi$20 圆柱的轴线对密封销底面基准 $A$ 有垂直度要求，所以，需要对该轴线进行测量，检测该轴线对基准平面 $A$ 的垂直度误差是否在规定的公差值范围内。

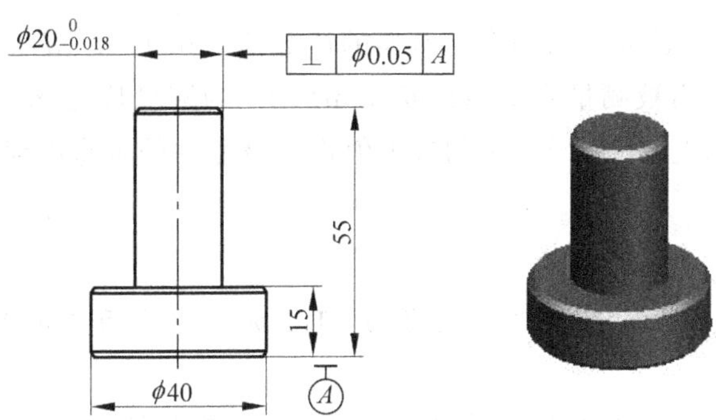


图 4-56　密封销钉

## 二、案例分析

由图 4-56 可知：被测要素为密封销钉上的一条轴线，要求被测轴线的变动范围必须位于直径为公差值 $\phi$0.05mm，且垂直于基准平面 $A$ 的圆柱面内。

## 三、测量工具选择

测量工具：平板、直角座、带指示器的测量架等。

## 四、测量方法、步骤与数据处理

### 1. 测量方法与步骤

线对面垂直度测量示意图如图 4-57 所示，测量方法与步骤如下。

① 将被测零件放置在平板上，为了简化测量，可仅在相互垂直的两个方向($x$、$y$)上测量，并把直角座放在被测零件一侧，以直角座的垂直面作为测量基准。

② 在距离为 $L_2$ 的两个位置测量被测轮廓要素与直角座的距离 $M_1$ 和 $M_2$ 及相应位置处的轴径值 $d_1$ 和 $d_2$，则该测量方向上的垂直度误差为：

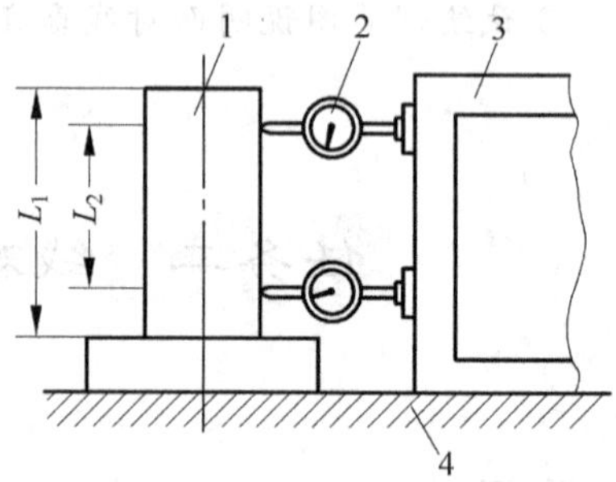


**图 4-57 线对面垂直度测量示意图**

1—被测零件；2—指示器；3—直角座；4—平板

$$f = \left| (M_1 - M_2) + \frac{d_1 - d_2}{2} \right| \frac{L_1}{L_2}$$

式中，$M_1$、$M_2$ 为在 $L_2$ 长度上的两个指示器的读数值(mm)；$d_1$、$d_2$ 为在测量位置处相应轴的直径(mm)；$L_1$ 为被测量要素的长度(mm)；$L_2$ 为测量长度(mm)。

③ 取两测量方向上测得误差中的较大值作为该零件的垂直度误差。

**说明**

① 若考虑被测要素的直线度误差影响，可增加测量截面并用图解法求出垂直度误差。

② 当被测要素为孔时，被测孔的轴线可用一心轴模拟进行检测，应选用可胀式(或与孔无间隙配合的)心轴。

### 2. 测量数据处理

测量数据处理表如表 4-16 和表 4-17 所示。

**表 4-16 $x$ 方向垂直度测量数据处理表**

| 测量数据 | $M_1$ | $M_2$ | $d_1$ | $d_2$ | $L_1$ | $L_2$ | 结果 | 是否合格 |
|---|---|---|---|---|---|---|---|---|
| 测量数值/mm | 42.05 | 42.09 | 20.05 | 20.03 | 40 | 30 | 0.04 | 是 |

通过计算得出 $x$ 方向上的垂直度误差约为 0.04mm。

表 4-17　y 方向垂直度测量数据处理表

| 测量数据 | $M_1$ | $M_2$ | $d_1$ | $d_2$ | $L_1$ | $L_2$ | 结果 | 是否合格 |
|---|---|---|---|---|---|---|---|---|
| 测量数值/mm | 36.08 | 36.06 | 20.05 | 20.03 | 40 | 30 | 0.04 | 是 |

通过计算得出 $y$ 方向上的垂直度误差约为 0.04mm。

结论：计算结果表明，零件在 $x$ 方向上和 $y$ 方向上的垂直度误差相同，约为 0.04mm，小于要求的 0.05mm，所以该零件的垂直度合格。

## 五、相关知识

### 1. 线对面垂直度公差概念

此时被测要素为一直线，基准要素为一给定平面，这时的垂直度公差是限制被测的实际直线对其给定的基准平面的一个变动量。

### 2. 线对面垂直度公差带

此时垂直度的公差带是直径为公差值 $\phi t$，且垂直于基准平面的圆柱面内的区域，如图 4-58 所示。

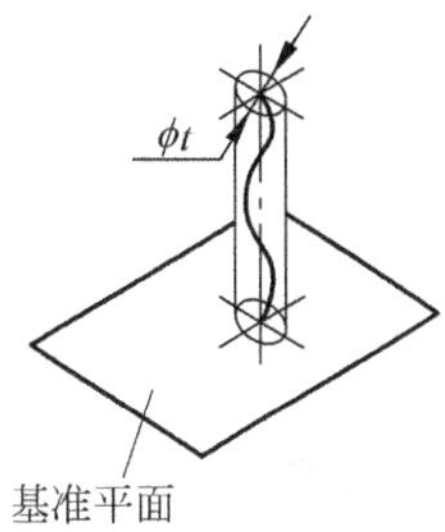


图 4-58　线对面的垂直度公差带示意图

## 六、任务布置

试测量如图 4-59 所示直角定位支座的垂直度误差，写出测量步骤，记录测量数据，编制测量数据表并判断零件的垂直度误差是否合格。

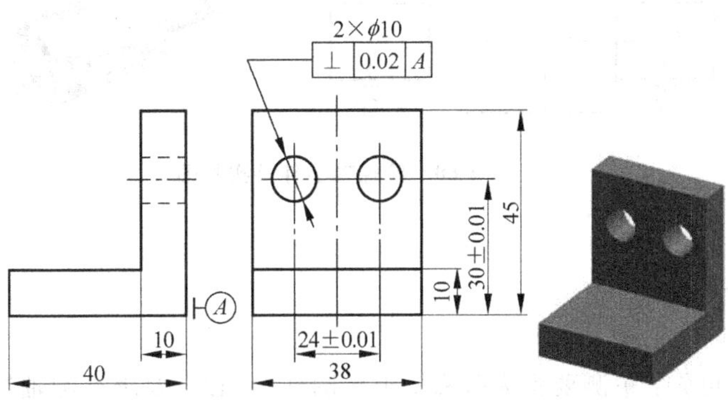


图 4-59　直角定位支座

**思考**

① 什么是线对面的垂直度公差？

② 试绘制简图说明线对面的垂直度公差带。

EIGHT

# 项目八　同轴度误差的测量

## 学习分目标

(1) 理解同轴度公差的含义。

(2) 掌握同轴度误差的检测方法。

(3) 掌握用 V 形架法测量同轴度误差的测量步骤。

(4) 会用 V 形架法来测量同轴度误差。

## 任务　同轴度误差的测量

### 一、案例

如图 4-60 所示为一阶梯轴，根据图中要求，可知阶梯轴上大圆柱的轴线有同轴度要求，所以需要对该轴线进行测量，检测该轴线相对基准轴线的同轴度误差是否符合要求，是否在规定的公差值范围内。

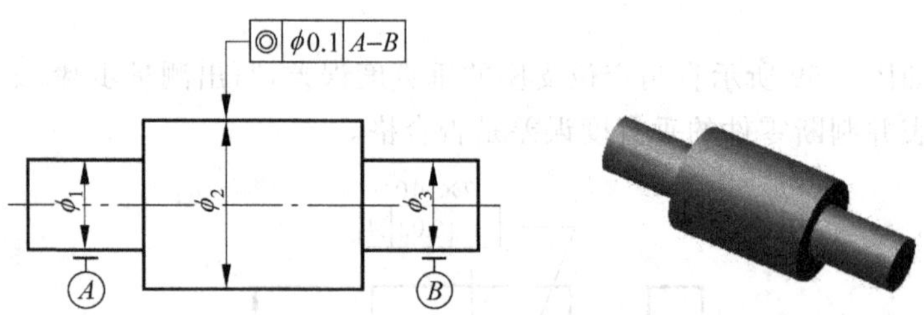


图 4-60　阶梯轴零件及实物图

### 二、案例分析

由图 4-60 可知：被测要素为阶梯轴上大圆柱的轴线，要求被测轴线的变动范围必须位于直径为公差值 ϕ0.1mm，且与基准(两端圆柱的公共轴线)轴线同轴的圆柱面内。

### 三、测量工具选择

测量工具：刃口状 V 形架、带有指示器的测量架(如测微仪)、平板。

## 四、测量方法、步骤与数据处理

### 1. 测量方法与步骤

同轴度测量示意图如图 4-61 所示，测量方法与步骤如下：

① 将准备好的 V 形块放置在平板上，并调整水平。

② 将被测零件基准轮廓要素的中截面（两端圆柱的中间位置）放置在两个等高的刃口状 V 形架上，将两指示器分别在垂直轴截面调零。

③ 在轴向测量，取指示器在垂直基准轴线的正截面上测得各对应点的读数差值 $M_a$、$M_b$，取 $|M_a-M_b|$ 作为在该截面上的同轴度误差。

④ 转动被测零件按上述方法测量若干个截面，取各截面测得的读数差中的最大值（绝对值）作为该零件的同轴度误差。

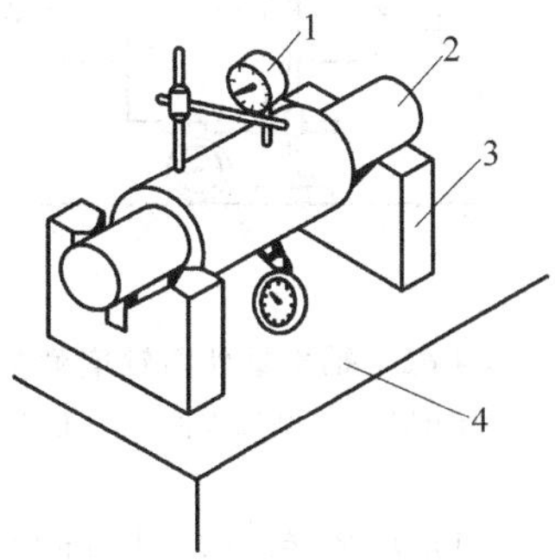


**图 4-61　同轴度测量示意图**

1—指示器；2—被测零件；3—V 形块；4—平板

**说明**

① 公共基准轴线由 V 形架来体现。

② 此方法适用于测量形状误差较小的零件。

### 2. 测量数据处理

同轴度测量数据处理表如表 4-18 所示。

**表 4-18　同轴度测量数据处理表**

| 测量次数 | 1 | 2 | 3 | 4 | 5 | 结果 | 是否合格 |
|---|---|---|---|---|---|---|---|
| 测量差值/mm | 0.04 | 0.07 | 0.06 | 0.08 | 0.08 | 0.08 | 是 |

结论：该圆柱的同轴度约为 0.08mm，小于 0.1mm，测量结果反映零件的同轴度合格。

## 五、相关知识

① 如果零件的两端有中心孔，也可以用顶尖对轴类零件的同轴度进行测量，如图 4-62 所示，测量步骤和测量方法与用 V 形块进行同轴度测量相同，只是这时公共的基准轴线由顶尖座来体现。

② 如果要测量一个套筒类零件的同轴度，测量方法与测量步骤如图 4-63 所示。在

被测零件的基准孔内插入心轴，将心轴支承在顶尖座上，以顶尖座的中心模拟基准孔的轴线，然后按上文所介绍的方法用指示器测得该零件的同轴度误差。

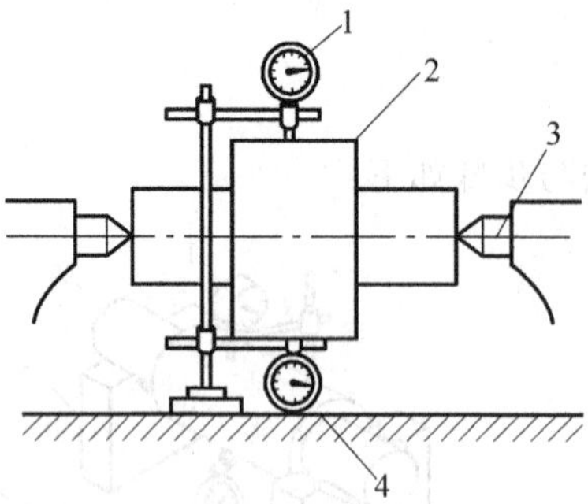


**图 4-62　轴类零件同轴度测量示意图**

1—指示器；2—被测零件；3—顶尖；4—平板

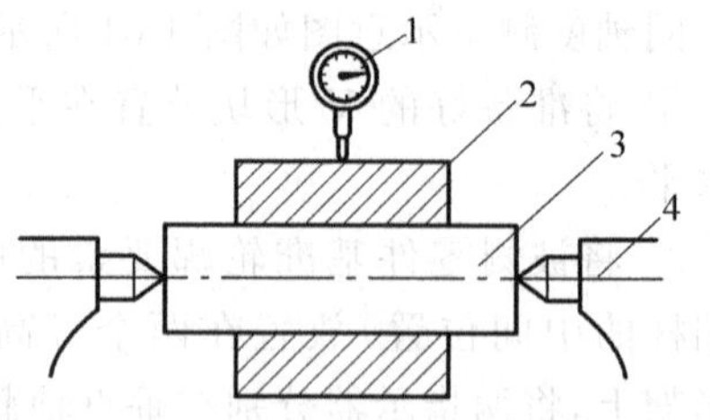


**图 4-63　套筒类零件同轴度测量示意图**

1—指示器；2—被测零件；3—心轴；4—顶尖

③ 同轴度公差带。进行同轴度测量时，此时的被测要素和基准要素均为轴线。公差带是直径为公差值 $\phi t$ 的圆柱面内的区域，该圆柱面的轴线与基准轴线同轴，如图 4-64 所示。

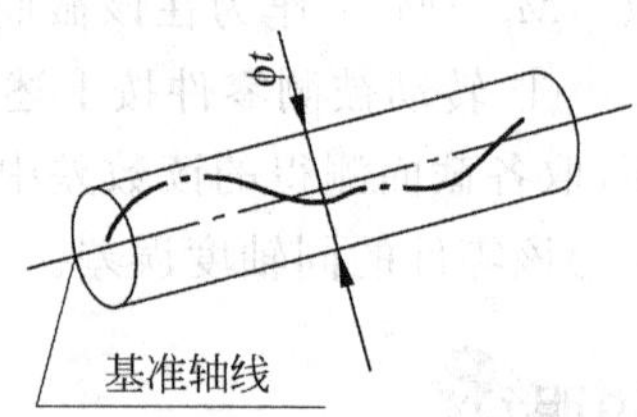


**图 4-64　同轴度公差带示意图**

## 六、任务布置

试测量如图 4-65 所示精密气管的同轴度误差，写出测量步骤，记录测量数据，编制测量数据表并判断零件的同轴度误差是否合格。

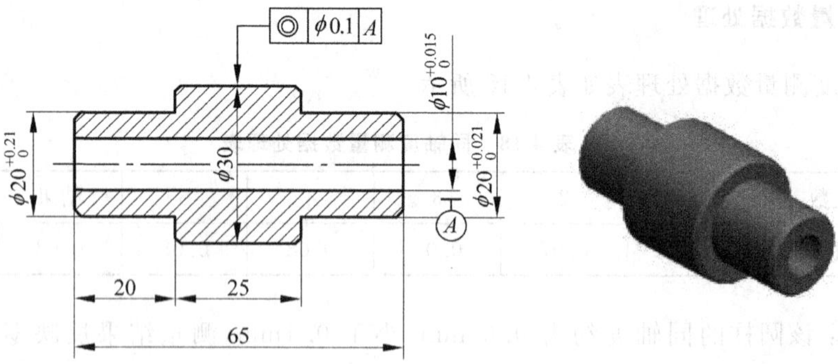


**图 4-65　精密气管**

思考

① 什么是同轴度公差？

② 试绘制简图说明同轴度公差带。

③ 对于两端带中心孔或套筒类零件，如何检测其同轴度公差？

NINE

# 项目九　径向圆跳动误差的测量

## 学习分目标

（1）理解径向圆跳动公差的含义。

（2）掌握径向圆跳动误差的检测方法。

（3）掌握径向圆跳动误差的测量步骤。

（4）会用量具来测量零件的径向圆跳动误差。

## 任务　零件径向圆跳动误差的测量

### 一、案例

如图4-66所示为一阶梯轴，根据图中要求，可知阶梯轴上大圆柱面有径向圆跳动要求，所以需要对该圆柱面进行测量，检测该圆柱面上的任一截面相对基准轴线的径向圆跳动误差是否在规定的公差值范围内。

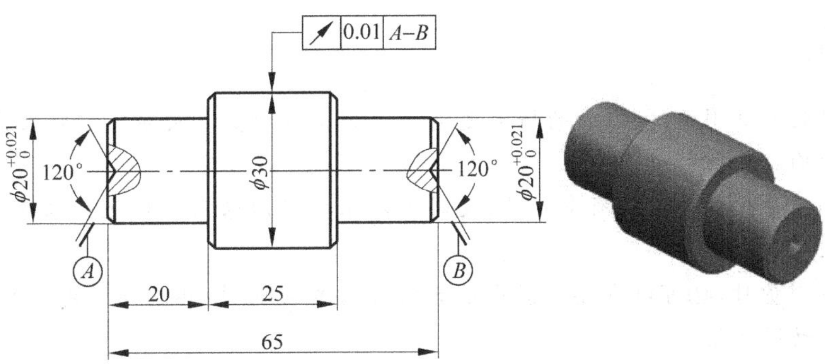


图4-66　径向圆跳动误差测量阶梯轴

### 二、案例分析

由图4-66可知：被测要素为阶梯轴上大圆柱的轴线，要求在测量时被测圆柱面应绕基准轴线（两端圆柱的公共轴线）作无轴向移动的整周旋转时，在该圆柱面上任一测量平面内的径向圆跳动量均不得大于距离为0.01mm的两同心圆间的区域。

## 三、测量工具选择

测量工具：平板、V形块、带指示器的测量架等。

## 四、测量方法、步骤与数据处理

### 1. 测量方法与步骤

径向圆跳动测量示意图如图4-67所示，测量方法与步骤如下。

① 将准备好的V形块放在平台上，并用适当工具(如平尺等)将两块V形块调整水平。

② 将被测零件支承在V形架上，用V形架来模拟基准轴线。

③ 在被测零件回转一周过程中指示器读数的最大差值即为单个测量平面上的径向跳动。

④ 按上述方法测量若干个截面，取各截面上测得的跳动量中的最大值，作为该零件的径向跳动。

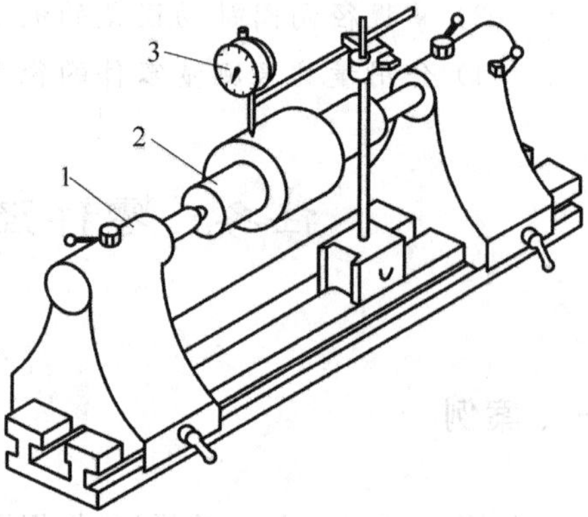


图4-67 径向圆跳动误差测量示意图

1—中心台；2—被测零件；3—指示器

**说明**

① 用此方法测量时，测量的精确度受V形架角度和基准实际要素形状误差的综合影响。

② 如果阶梯轴的两端有中心孔，这时可以用顶尖座来对零件进行装夹，以模拟基准轴线。

③ 在测量时，也可以直接观察指示器指针的波动范围，其波动量即为该截面上的跳动误差值。

### 2. 测量数据处理

径向圆跳动测量数据处理表如表4-19所示。

表4-19 径向圆跳动测量数据处理表

| 测量次数 | 1 | 2 | 3 | 4 | 5 | 结果 | 是否合格 |
|---|---|---|---|---|---|---|---|
| 测量差值/mm | 0.05 | 0.04 | 0.02 | 0.03 | 0.04 | 0.05 | 否 |

结论：圆柱面的径向跳动误差约为0.05mm，大于给定的0.01mm，测量结果反映该零件径向跳动不合格。

## 五、相关知识

### 1. 径向圆跳动公差

圆跳动公差是被测要素(某一固定参考点)围绕基准轴线旋转一周时(零件和测量仪器间无轴向位移)允许的最大变动量,它是关联实际被测要素对理想圆的允许变动量,理想圆的圆心在基准轴线上,根据允许变动的方向,圆跳动可以分为径向圆跳动、端面圆跳动、斜向圆跳动。

径向圆跳动的测量方向均与基准轴线垂直。

### 2. 径向圆跳动公差带

径向圆跳动公差带是在垂直于基准轴线的任一测量平面内半径差为公差值 $t$,且圆心在基准轴线上的两同心圆间的区域,如图 4-68 所示。

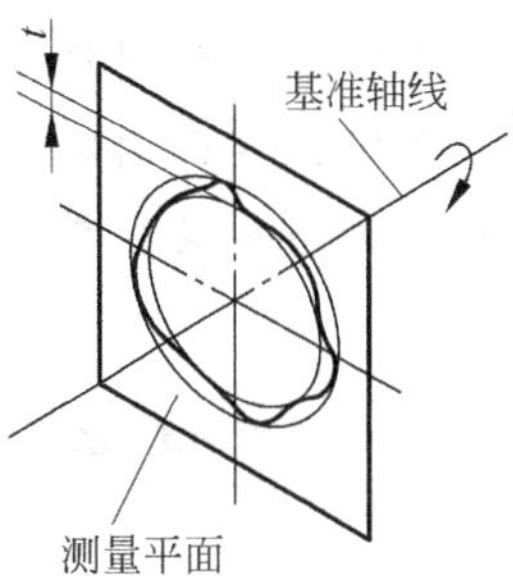


图 4-68　径向圆跳动公差带示意图

**说明**

如果零件的两端面没有中心孔,就可以用 V 形块代替顶尖,进行测量。

## 六、任务布置

试测量如图 4-69 所示轴套的径向圆跳动误差,写出测量步骤,记录测量数据,编制测量数据表并判断零件的径向圆跳动误差是否合格。

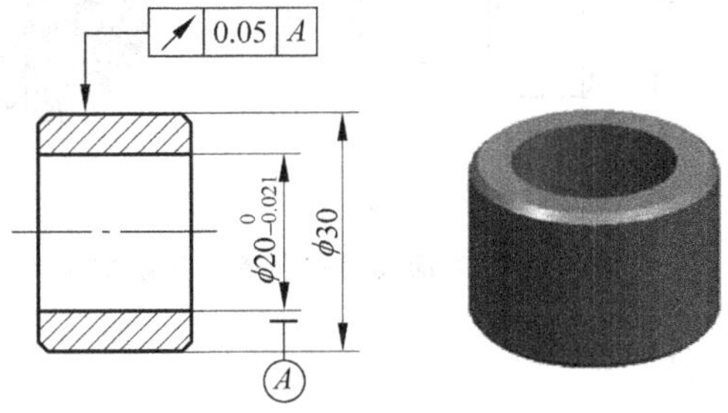


图 4-69　径向圆跳动误差测量轴套

**思考**

① 什么是径向圆跳动公差?

② 试绘制简图说明径向圆跳动公差带图。

③ 对于两端没有中心孔的轴类零件,如何检测其径向圆跳动公差?

TEN

# 项目十 端面圆跳动误差的测量

## 学习分目标

(1) 理解端面圆跳动公差的含义。
(2) 掌握端面圆跳动误差的检测方法。
(3) 掌握端面圆跳动误差的测量步骤。
(4) 会用量具测量零件的端面圆跳动误差。

## 任务 零件端面圆跳动误差的测量

### 一、案例

如图4-70所示为一阶梯轴,根据图中要求,可知阶梯轴的右端面有端面圆跳动要求,所以需要对该端面进行测量,检测该端面相对基准轴线的端面圆跳动误差是否符合要求,是否在规定的公差值范围内。

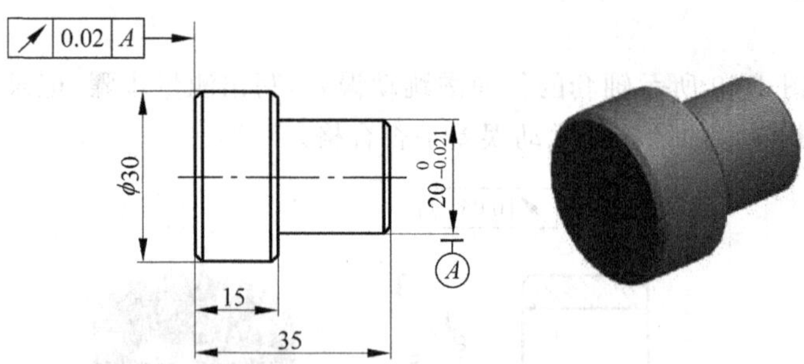


图4-70 端面圆跳动误差测量阶梯轴

### 二、案例分析

由图4-70可知:被测要素为阶梯轴的右端面,要求在测量时被测端面应绕基准轴线作无轴向移动的整周旋转时,在该端面上任一测量圆柱面内的端面圆跳动量均不得大于0.02mm。

### 三、测量工具选择

测量工具:平板、V形块、带指示器的测量架等。

## 四、测量方法、步骤与数据处理

### 1. 测量方法与步骤

端面圆跳动测量示意图如图 4-71 所示，测量方法与步骤如下。

① 将被测件支承在 V 形块上，并在轴向上固定。

② 在被测零件回转一周过程中，观察指示器读数最大差值，即为单个测量圆柱面上的端面跳动误差。

③ 按上述方法测量若干个圆柱面，取各测量圆柱面上测得的跳动量中的最大值，作为该零件的端面圆跳动量。

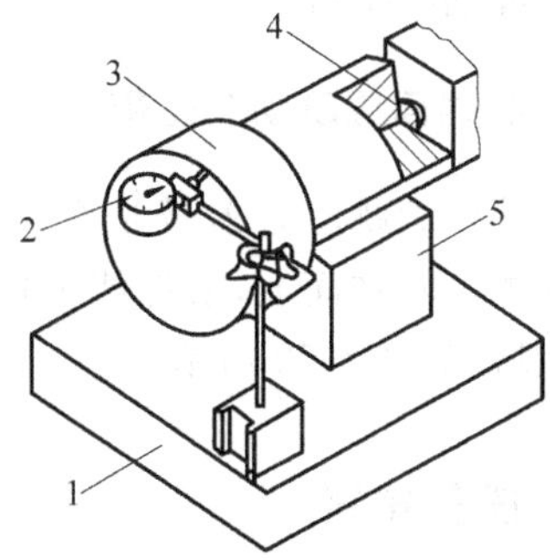


**图 4-71　端面圆跳动测量示意图**
1—平板；2—指示器；3—被测零件；4—支承；5—V 形块

**说明**

① 用此方法测量时，测量的精确度受 V 形架角度和基准实际要素形状误差的综合影响。

② 如果阶梯轴的两端有中心孔，这时可以用顶尖座来对零件进行装夹，以模拟基准轴线。

③ 在测量时，也可以直接观察指示器指针的波动范围，其波动量即为该截面上的跳动误差值。

### 2. 测量数据处理

端面圆跳动测量数据处理表如表 4-20 所示。

**表 4-20　端面圆跳动测量数据处理表**

| 测量次数 | 1 | 2 | 3 | 4 | 5 | 结果 | 是否合格 |
|---|---|---|---|---|---|---|---|
| 测量差值/mm | 0.012 | 0.013 | 0.020 | 0.010 | 0.0150 | 0.020 | 是 |

结论：圆柱面的端面跳动误差约为 0.02mm，不大于给定的 0.02mm，测量结果反映该零件的端面跳动合格。

## 五、相关知识

### 1. 端面圆跳动公差

端面圆跳动公差是指被测要素在无轴间移动的过程中，绕基准轴线旋转一周，指示器所允许的最大变动量。

在端面圆跳动测量过程中，被测要素一般为回转体类零件的端面或台阶面，且与基准轴线垂直，测量方向与基准轴线平行。

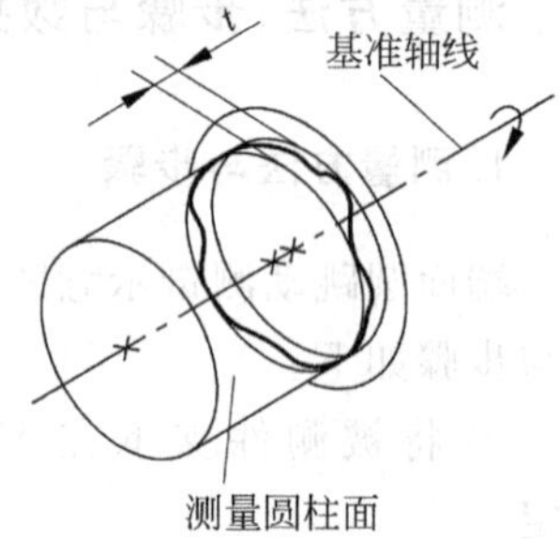

图 4-72　端面圆跳动公差带示意图

### 2. 端面圆跳动公差带

端面圆跳动公差带是在与基准轴线同轴的任一直径的测量圆柱面上，沿母线方向宽度为公差值 $t$ 的圆柱面区域，如图 4-72 所示。

## 六、任务布置

试测量如图 4-73 所示齿轮半成品的端面圆跳动误差，写出测量步骤，记录测量数据，编制测量数据表并判断零件的端面圆跳动误差是否合格。

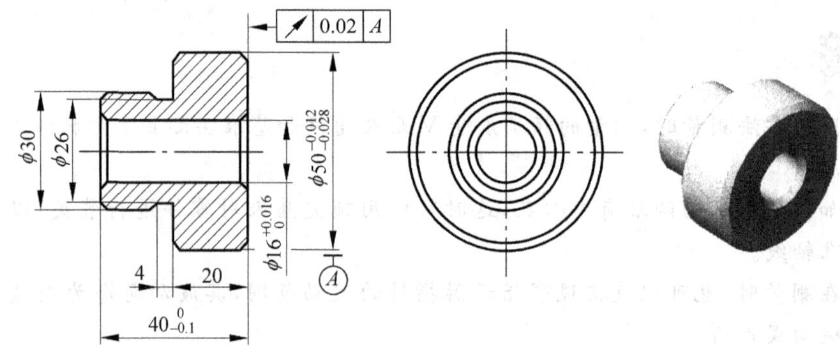

图 4-73　端面圆跳动误差测量齿轮半成品

思考

① 什么是端面圆跳动公差？
② 试绘制简图说明端面圆跳动公差带。
③ 检测端面圆跳动误差时应注意什么问题？

05

模块五

# 螺纹的测量

## 学习总目标

(1) 会读懂零件图螺纹的标记。

(2) 会根据螺纹公差表查表确定螺纹中径公差。

(3) 会用螺纹千分尺检测螺纹。

(4) 会用三针测量法检测普通三角形螺纹与梯形螺纹。

ONE

# 项目一 普通三角形螺纹的测量

## 学习分目标

(1) 能够读懂零件图上三角螺纹的标记。

(2) 会根据螺纹公差表查表确定三角螺纹中径公差。

(3) 会用螺纹千分尺检测三角螺纹。

(4) 会用三针测量法检测普通三角形螺纹。

## 任务一 用螺纹千分尺测量螺纹中径

### 一、案例

如图 5-1 所示为一阶梯螺纹轴,本工序主要是检测普通三角形螺纹 M24×2—6g 的中径尺寸,试选用合适的量具进行检测。

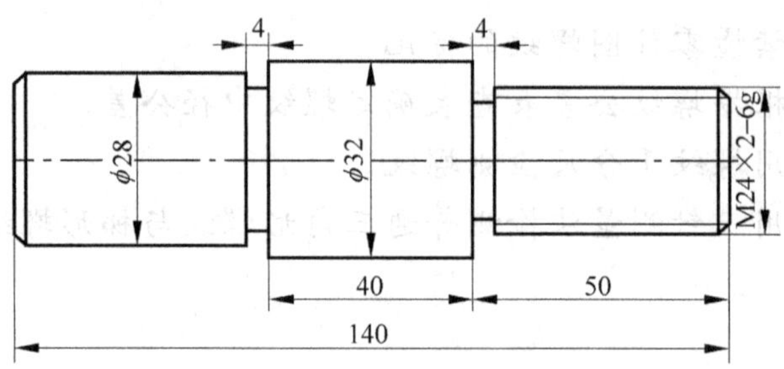


图 5-1 阶梯螺纹轴

### 二、案例分析

此轴类零件右端为一普通三角形螺纹,其标注为 M24×2—6g,表示其公称直径为 24mm,螺距为 2mm,中径和顶径的公差带代号为 6g。由于此外螺纹要与内螺纹配合,因而其尺寸要进行检测并控制。

螺纹检测时,除要检测大径和螺距外,主要检测螺纹的中径,那么此三角形螺纹的中径尺寸应该在怎样一个范围内才是合格的呢?

首先,查普通三角形螺纹的基本尺寸表(见表 5-3)得螺纹的中径尺寸 φ22.701mm;其次,根据公差带代号 6g,查三角形内外螺纹基本偏差表(见表 5-4)得基本偏差为上偏差

es＝－0.038mm；然后，根据公差等级、公称直径和螺距查三角形外螺纹中径公差表（见表5-6）得此外螺纹的中径公差 $T_{d_2}=0.170$mm，计算得其下偏差 $ei=es-T_{d_2}=-0.038-0.170=-0.208$mm。故中径尺寸应为 $\phi22.701_{-0.208}^{-0.038}$mm，即中径最大极限尺寸为 $\phi22.663$mm，最小极限尺寸为 $\phi22.493$mm。

实际检测尺寸在此范围内即为合格，否则为不合格。

## 三、测量工具选择

螺纹千分尺有0～25mm至325～350mm等数种规格，并根据螺距的大小，成对配备测头供检测选用。

此螺纹公称直径为24mm，中径的基本尺寸为22.701mm，故选择0～25mm的螺纹千分尺，并根据螺距2mm来选择对应的一对测头。

## 四、测量方法、步骤与数据处理

### 1. 测量方法与步骤

① 根据被测螺纹的公称直径，选择合适的螺纹千分尺，再根据其螺距，选择一对合适的测头，擦干净后将V形测量头插入架砧的孔内，将圆锥形测量头插入主测量杆孔内。

② 用千分尺随带的标准棒校对零位，若零位有微小误差时，记下误差值(零件的实际测量数据应减去该误差值)。

③ 擦干净被测螺纹，并放入两测量头之间，找正中径部位，千分尺两测量头中心连线与被测量螺纹的轴线垂直，不得倾斜。如图5-2所示为螺纹千分尺测量中径示意图。

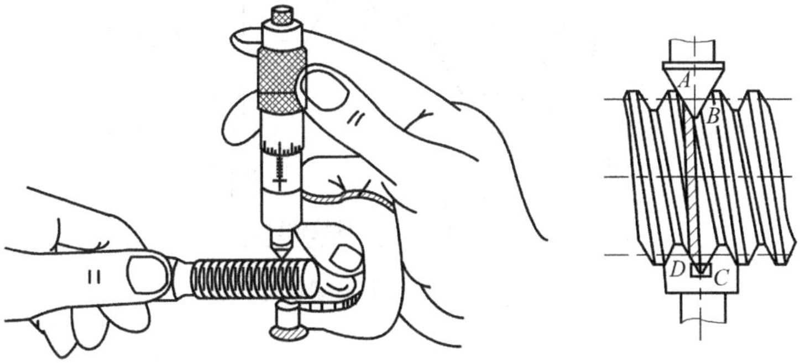


图5-2　螺纹千分尺测量中径示意图

④ 转动测力装置，使测量砧表面保持适当的测量压力，听到"嘎嘎嘎"的声音时表示压力合适，可开始读数，每个读数必须估算到测量精度后一位，即微米级精度。

⑤ 在零件轴向和周向分别取5个测量点，读取不同测量位置的尺寸，并做好记录。

⑥ 测量结束后将千分尺擦拭干净，拆下测量头，千分尺回归零位，按规定放入千分尺盒内。

### 2. 测量数据处理

将上述5次测量结果填入表5-1三角形螺纹中径测量数据表，并进行平均值计算，最后做螺纹中径的合格性判断。

表5-1 三角形螺纹中径测量数据表

| 测量次数 | 1 | 2 | 3 | 4 | 5 | 平均值 |
|---|---|---|---|---|---|---|
| 测量值/mm | 22.640 | 22.552 | 22.656 | 22.584 | 22.624 | 22.611 |

结论：平均尺寸为$\phi$22.611mm，符合螺纹中径的尺寸精度要求，产品合格。

## 五、相关知识

### 1. 三角形螺纹基础知识

三角形螺纹按规格和用途的不同，分为普通螺纹、英制螺纹和管螺纹三类，普通螺纹是我国应用最为广泛的一种三角形螺纹，牙型角为60°，一般用于连接。

普通螺纹分粗牙普通螺纹和细牙普通螺纹。完整的螺纹标记由螺纹代号、公差带代号和旋合长度组成。如M10×1－5g6g，表示公称直径为10mm、螺距为1mm、中径公差带代号为5g、顶径公差带代号为6g的细牙外螺纹(未标螺距的为粗牙普通螺纹)。

按照GB 192—81规定，普通三角形螺纹的牙形图如图5-3所示。

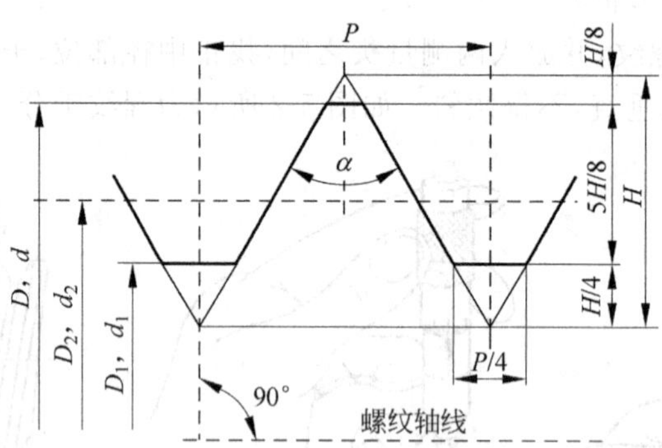


图5-3 普通三角形螺纹牙形图

### 2. 螺纹千分尺的结构及用途

螺纹千分尺是用来测量外螺纹中径的量具，适于工序间的检验或低精度的外螺纹制件的检验。其构造与外径千分尺相似，只是其测头有区别，螺纹千分尺的测杆上安装了用于不同螺纹牙型和不同螺距的成对配套的测头。

螺纹千分尺测头的形状和螺纹的基本牙型相吻合，一端为V形测头，测量时与螺纹凸起部分相吻合；另一端为圆锥形测头，测量时与对径位置的螺纹沟槽部分相吻合。测头可以根据需要进行更换，每把螺纹千分尺配有几对测头，用来测量一定螺距范围的螺纹，使用时，根据螺距的大小，按量具盒内的附表成对选用。

### 3. 普通三角形螺纹尺寸计算有关数据

普通三角形螺纹基本尺寸计算见表 5-2。

**表 5-2　普通三角形螺纹的基本尺寸计算**

| 名称及代号 | 计算公式 | 名称及代号 | 计算公式 |
|---|---|---|---|
| 牙型角 | $60°$ | 大径 $D$、$d$ | $D=d=$公称直径 |
| 原始三角形高度 | $H=0.866P$ | 中径 $D_2$、$d_2$ | $D_2=d_2=d-0.6495P$ |
| 牙型高度 | $h=0.5413P$ | 小径 $D_1$、$d_1$ | $D_1=d_1=d-1.0825P$ |

普通三角形螺纹的基本尺寸表见表 5-3。

**表 5-3　普通三角形螺纹的基本尺寸表(摘自 GB 196—81)**　　单位：mm

| 大径 $D$、$d$ 第一系列 | 大径 $D$、$d$ 第二系列 | 大径 $D$、$d$ 第三系列 | 螺距 $P$ | 中径 $D_2$、$d_2$ | 小径 $D_1$、$d_1$ |
|---|---|---|---|---|---|
| 6 | | | **1** | 5.350 | 4.917 |
| | | | 0.75 | 5.513 | 5.188 |
| | | | (0.5) | 5.675 | 5.459 |
| | | 7 | **1** | 6.350 | 5.917 |
| | | | 0.75 | 6.513 | 6.188 |
| | | | 0.5 | 6.675 | 6.459 |
| 8 | | | **1.25** | 7.188 | 6.647 |
| | | | 1 | 7.350 | 6.917 |
| | | | 0.75 | 7.513 | 7.188 |
| | | | (0.5) | 7.675 | 7.459 |
| | | 9 | **(1.25)** | 8.188 | 7.647 |
| | | | 1 | 8.350 | 7.917 |
| | | | 0.75 | 8.513 | 8.188 |
| | | | (0.5) | 8.675 | 8.459 |
| 10 | | | **1.5** | 9.026 | 8.376 |
| | | | 1.25 | 9.188 | 8.647 |
| | | | 1 | 9.350 | 8.917 |
| | | | 0.75 | 9.513 | 9.188 |
| | | | (0.5) | 9.675 | 9.459 |
| | | 11 | **(1.5)** | 10.026 | 9.376 |
| | | | 1 | 10.350 | 9.917 |
| | | | 0.75 | 10.513 | 10.188 |
| | | | 0.5 | 10.675 | 10.459 |

| 大径 $D$、$d$ 第一系列 | 大径 $D$、$d$ 第二系列 | 大径 $D$、$d$ 第三系列 | 螺距 $P$ | 中径 $D_2$、$d_2$ | 小径 $D_1$、$d_1$ |
|---|---|---|---|---|---|
| 12 | | | **1.75** | 10.853 | 10.106 |
| | | | 1.5 | 11.026 | 10.376 |
| | | | 1.25 | 11.188 | 10.647 |
| | | | 1 | 11.350 | 10.917 |
| | | | (0.75) | 11.513 | 11.188 |
| | | | (0.5) | 11.675 | 11.459 |
| | 14 | | **2** | 12.701 | 11.835 |
| | | | 1.5 | 13.026 | 12.375 |
| | | | (1.25) | 13.188 | 12.647 |
| | | | 1 | 13.350 | 12.917 |
| | | | (0.75) | 13.513 | 13.188 |
| | | | (0.5) | 13.675 | 13.459 |
| | | 15 | **1.5** | 14.026 | 13.376 |
| | | | (1) | 14.350 | 13.917 |
| 16 | | | **2** | 14.701 | 13.835 |
| | | | 1.5 | 15.026 | 14.376 |
| | | | 1 | 15.350 | 14.917 |
| | | | (0.75) | 15.513 | 15.188 |
| | | | (0.5) | 15.675 | 15.459 |

续表

| 大径 $D$、$d$ | | | 螺距 | 中径 | 小径 |
|---|---|---|---|---|---|
| 第一系列 | 第二系列 | 第三系列 | $P$ | $D_2$、$d_2$ | $D_1$、$d_1$ |
| | | 17 | 1.5 | 16.026 | 15.376 |
| | | | (1) | 16.350 | 15.917 |
| | 18 | | **2.5** | 16.376 | 15.294 |
| | | | 2 | 16.701 | 15.835 |
| | | | 1.5 | 17.026 | 16.376 |
| | | | 1 | 17.350 | 16.917 |
| | | | (0.75) | 17.513 | 17.188 |
| | | | (0.5) | 17.675 | 17.459 |
| 20 | | | **2.5** | 18.376 | 17.294 |
| | | | 2 | 18.701 | 17.335 |
| | | | 1.5 | 19.026 | 18.376 |
| | | | 1 | 19.350 | 18.917 |
| | | | (0.75) | 19.513 | 19.188 |
| | | | (0.5) | 19.675 | 19.459 |
| | 22 | | **2.5** | 20.376 | 19.294 |
| | | | 2 | 20.701 | 19.835 |
| | | | 1.5 | 21.026 | 20.376 |
| | | | 1 | 21.350 | 20.917 |
| | | | (0.75) | 21.513 | 21.188 |
| | | | (0.5) | 21.675 | 21.459 |
| 24 | | | **3** | 22.051 | 20.752 |
| | | | 2 | 22.701 | 21.835 |
| | | | 1.5 | 23.026 | 22.376 |
| | | | 1 | 23.350 | 22.917 |
| | | | (0.75) | 23.513 | 23.188 |
| | | 25 | 2 | 23.701 | 22.835 |
| | | | 1.5 | 24.026 | 23.376 |
| | | | (1) | 24.350 | 23.917 |

注：① 直径优先选用第一系列，其次是用第二系列，第三系列尽可能不用。

② 括号内的螺距尽可能不用，用黑体字表示的螺距为粗牙螺纹所用。

三角形内外螺纹的基本偏差表见表 5-4。

**表 5-4 三角形内外螺纹的基本偏差表** 单位：μm

| 螺距 $P$/mm | 基本偏差 | | | | | |
|---|---|---|---|---|---|---|
| | 内螺纹 | | 外螺纹 | | | |
| | G EI | H EI | e es | f es | g es | h es |
| 0.2 | +17 | 0 | — | — | −17 | 0 |
| 0.25 | +18 | 0 | — | — | −18 | 0 |
| 0.3 | +18 | 0 | — | — | −18 | 0 |
| 0.35 | +19 | 0 | — | −34 | −19 | 0 |
| 0.4 | +19 | 0 | — | −34 | −19 | 0 |
| 0.45 | +20 | 0 | — | −35 | −20 | 0 |
| 0.5 | +20 | 0 | −50 | −36 | −20 | 0 |
| 0.6 | +21 | 0 | −53 | −36 | −21 | 0 |
| 0.7 | +22 | 0 | −56 | −38 | −22 | 0 |
| 0.75 | +22 | 0 | −56 | −38 | −22 | 0 |
| 0.8 | +24 | 0 | −60 | −38 | −24 | 0 |
| 1 | +26 | 0 | −60 | −40 | −26 | 0 |

续表

| 螺距 $P$/mm | 基本偏差 | | | | | |
|---|---|---|---|---|---|---|
| | 内螺纹 | | 外螺纹 | | | |
| | G EI | H EI | e es | f es | g es | h es |
| 1.25 | +28 | 0 | −63 | −42 | −28 | 0 |
| 1.5 | +32 | 0 | −67 | −45 | −32 | 0 |
| 1.75 | +34 | 0 | −71 | −48 | −34 | 0 |
| 2 | +38 | 0 | −71 | −52 | −38 | 0 |
| 2.5 | +42 | 0 | −80 | −58 | −42 | 0 |
| 3 | +48 | 0 | −85 | −63 | −48 | 0 |
| 3.5 | +53 | 0 | −90 | −70 | −53 | 0 |
| 4 | +60 | 0 | −95 | −75 | −60 | 0 |
| 4.5 | +63 | 0 | −100 | −80 | −63 | 0 |
| 5 | +71 | 0 | −106 | −85 | −71 | 0 |
| 5.5 | +75 | 0 | −112 | −90 | −75 | 0 |
| 6 | +80 | 0 | −118 | −95 | −80 | 0 |
| 8 | +100 | 0 | −140 | −118 | −100 | 0 |

三角形内螺纹中径公差表见表 5-5。

**表 5-5 三角形内螺纹中径公差($T_{D_2}$)表** 单位：μm

| 公称直径 $D$/mm | | 螺距 $P$/mm | 公差等级 | | | | |
|---|---|---|---|---|---|---|---|
| > | ≤ | | 4 | 5 | 6 | 7 | 8 |
| 0.99 | 1.4 | 0.2 | 40 | — | — | — | — |
| | | 0.25 | 45 | 56 | — | — | — |
| | | 0.3 | 48 | 60 | 75 | — | — |
| 1.4 | 2.8 | 0.2 | 42 | — | — | — | — |
| | | 0.25 | 48 | 60 | — | — | — |
| | | 0.35 | 53 | 67 | 85 | — | — |
| | | 0.4 | 56 | 71 | 90 | — | — |
| | | 0.45 | 60 | 75 | 95 | — | — |
| 2.8 | 5.6 | 0.35 | 56 | 71 | 90 | — | — |
| | | 0.5 | 63 | 80 | 100 | 125 | — |
| | | 0.6 | 71 | 90 | 112 | 140 | — |
| | | 0.7 | 75 | 95 | 118 | 150 | — |
| | | 0.75 | 75 | 95 | 118 | 150 | — |
| | | 0.8 | 80 | 100 | 125 | 160 | 200 |
| 5.6 | 11.2 | 0.75 | 85 | 106 | 132 | 170 | — |
| | | 1 | 95 | 118 | 150 | 190 | 236 |
| | | 1.25 | 100 | 125 | 160 | 200 | 250 |
| | | 1.5 | 112 | 140 | 180 | 224 | 280 |

续表

| 公称直径 D/mm | | 螺距 P/mm | 公差等级 | | | | |
|---|---|---|---|---|---|---|---|
| > | ≤ | | 4 | 5 | 6 | 7 | 8 |
| 11.2 | 22.4 | 1 | 100 | 125 | 160 | 200 | 250 |
| | | 1.25 | 112 | 140 | 180 | 224 | 280 |
| | | 1.5 | 118 | 150 | 190 | 236 | 300 |
| | | 1.75 | 125 | 160 | 200 | 250 | 315 |
| | | 2 | 132 | 170 | 212 | 265 | 335 |
| | | 2.5 | 140 | 180 | 224 | 280 | 355 |
| 22.4 | 45 | 1 | 106 | 132 | 170 | 212 | — |
| | | 1.5 | 125 | 160 | 200 | 250 | 315 |
| | | 2 | 140 | 180 | 224 | 280 | 355 |
| | | 3 | 170 | 212 | 265 | 335 | 425 |
| | | 3.5 | 180 | 224 | 280 | 355 | 450 |
| | | 4 | 190 | 236 | 300 | 375 | 475 |
| | | 4.5 | 200 | 250 | 315 | 400 | 500 |
| 45 | 90 | 1.5 | 132 | 170 | 212 | 265 | 335 |
| | | 2 | 150 | 190 | 236 | 300 | 375 |
| | | 3 | 180 | 224 | 280 | 355 | 450 |
| | | 4 | 200 | 250 | 315 | 400 | 500 |
| | | 5 | 212 | 265 | 335 | 425 | 530 |
| | | 5.5 | 224 | 280 | 355 | 450 | 560 |
| | | 6 | 236 | 300 | 375 | 475 | 600 |
| 90 | 180 | 2 | 160 | 200 | 250 | 315 | 400 |
| | | 3 | 190 | 236 | 300 | 375 | 475 |
| | | 4 | 212 | 265 | 335 | 425 | 530 |
| | | 6 | 250 | 315 | 400 | 500 | 630 |
| | | 8 | 280 | 355 | 450 | 560 | 710 |
| 180 | 355 | 3 | 212 | 265 | 335 | 425 | 530 |
| | | 4 | 236 | 300 | 375 | 475 | 600 |
| | | 6 | 265 | 335 | 425 | 530 | 670 |
| | | 8 | 300 | 375 | 475 | 600 | 750 |

三角形外螺纹中径公差表见表 5-6。

**表 5-6 三角形外螺纹中径公差($T_{d_2}$)表** 单位：μm

| 公称直径 d/mm | | 螺距 P/mm | 公差等级 | | | | | | |
|---|---|---|---|---|---|---|---|---|---|
| > | ≤ | | 3 | 4 | 5 | 6 | 7 | 8 | 9 |
| 0.99 | 1.4 | 0.2 | 24 | 30 | 38 | 48 | — | — | — |
| | | 0.25 | 26 | 34 | 42 | 53 | — | — | — |
| | | 0.3 | 28 | 36 | 45 | 56 | — | — | — |
| 1.4 | 2.8 | 0.2 | 25 | 32 | 40 | 50 | — | — | — |
| | | 0.25 | 28 | 36 | 45 | 56 | — | — | — |
| | | 0.35 | 32 | 40 | 50 | 63 | 80 | — | — |
| | | 0.4 | 34 | 42 | 53 | 67 | 85 | — | — |
| | | 0.45 | 36 | 45 | 56 | 71 | 90 | — | — |

续表

| 公称直径 d/mm | | 螺距 P/mm | 公差等级 | | | | | | |
|---|---|---|---|---|---|---|---|---|---|
| > | ≤ | | 3 | 4 | 5 | 6 | 7 | 8 | 9 |
| 2.8 | 5.6 | 0.35 | 34 | 42 | 53 | 67 | 85 | — | — |
| | | 0.5 | 38 | 48 | 60 | 75 | 95 | — | — |
| | | 0.6 | 42 | 53 | 67 | 85 | 106 | — | — |
| | | 0.7 | 45 | 56 | 71 | 90 | 112 | — | — |
| | | 0.75 | 45 | 56 | 71 | 90 | 112 | — | — |
| | | 0.8 | 48 | 60 | 75 | 95 | 118 | 150 | 190 |
| 5.6 | 11.2 | 0.75 | 50 | 63 | 80 | 100 | 125 | — | — |
| | | 1 | 56 | 71 | 90 | 112 | 140 | 180 | 224 |
| | | 1.25 | 60 | 75 | 95 | 118 | 150 | 190 | 236 |
| | | 1.5 | 67 | 85 | 106 | 132 | 170 | 212 | 265 |
| 11.2 | 22.4 | 1 | 60 | 75 | 95 | 118 | 150 | 190 | 236 |
| | | 1.25 | 67 | 85 | 106 | 132 | 170 | 212 | 265 |
| | | 1.5 | 71 | 90 | 112 | 140 | 180 | 224 | 280 |
| | | 1.75 | 75 | 95 | 118 | 150 | 190 | 236 | 300 |
| | | 2 | 80 | 100 | 125 | 160 | 200 | 250 | 315 |
| | | 2.5 | 85 | 106 | 132 | 170 | 212 | 265 | 335 |
| 22.4 | 45 | 1 | 63 | 80 | 100 | 125 | 160 | 200 | 250 |
| | | 1.5 | 75 | 95 | 118 | 150 | 190 | 236 | 300 |
| | | 2 | 85 | 106 | 132 | 170 | 212 | 265 | 335 |
| | | 3 | 100 | 125 | 160 | 200 | 250 | 315 | 400 |
| | | 3.5 | 106 | 132 | 170 | 212 | 265 | 335 | 425 |
| | | 4 | 112 | 140 | 180 | 224 | 280 | 355 | 450 |
| | | 4.5 | 118 | 150 | 190 | 236 | 300 | 375 | 475 |
| 45 | 90 | 1.5 | 80 | 100 | 125 | 160 | 200 | 250 | 315 |
| | | 2 | 90 | 112 | 140 | 180 | 224 | 280 | 355 |
| | | 3 | 106 | 132 | 170 | 212 | 265 | 335 | 425 |
| | | 4 | 118 | 150 | 190 | 236 | 300 | 375 | 475 |
| | | 5 | 125 | 160 | 200 | 250 | 315 | 400 | 500 |
| | | 5.5 | 132 | 170 | 212 | 265 | 335 | 425 | 530 |
| | | 6 | 140 | 180 | 224 | 280 | 355 | 450 | 560 |
| 90 | 180 | 2 | 95 | 118 | 150 | 190 | 236 | 300 | 375 |
| | | 3 | 112 | 140 | 180 | 224 | 280 | 355 | 450 |
| | | 4 | 125 | 160 | 200 | 250 | 315 | 400 | 500 |
| | | 6 | 150 | 190 | 236 | 300 | 375 | 475 | 600 |
| | | 8 | 170 | 212 | 265 | 335 | 425 | 530 | 670 |
| 180 | 355 | 3 | 125 | 160 | 200 | 250 | 315 | 400 | 500 |
| | | 4 | 140 | 180 | 224 | 280 | 355 | 450 | 560 |
| | | 6 | 160 | 200 | 250 | 315 | 400 | 500 | 630 |
| | | 8 | 180 | 224 | 280 | 355 | 450 | 560 | 710 |

## 六、任务布置

根据如图 5-4 所示的锥度芯棒，正确选用千分尺测量其螺纹中径，记录数据，填写测量数据表，并判断螺纹中径尺寸是否符合要求。

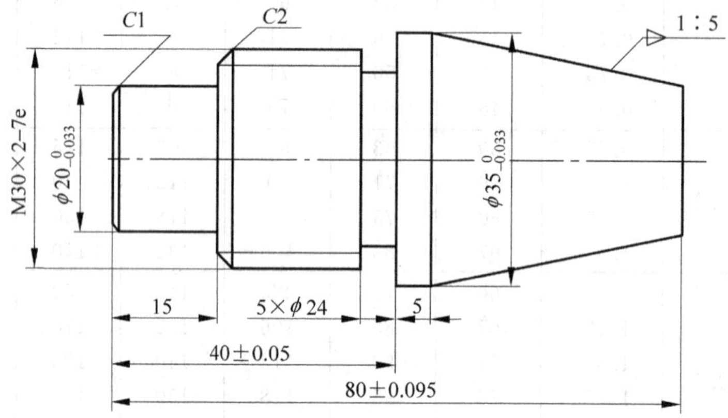


图 5-4　锥度芯棒

**思考**

① 用螺纹千分尺检验螺纹中径时，影响测量精度的主要因素有哪些？
② 用螺纹千分尺检验螺纹中径时，应如何正确选用测头？

# 任务二　三针法测量三角形螺纹中径

## 一、案例

如图 5-5 所示为一阶梯轴类零件，本工序主要是检测普通三角形螺纹 M20－6e 的尺寸，试选用三针法进行螺纹中径的检测。

## 二、案例分析

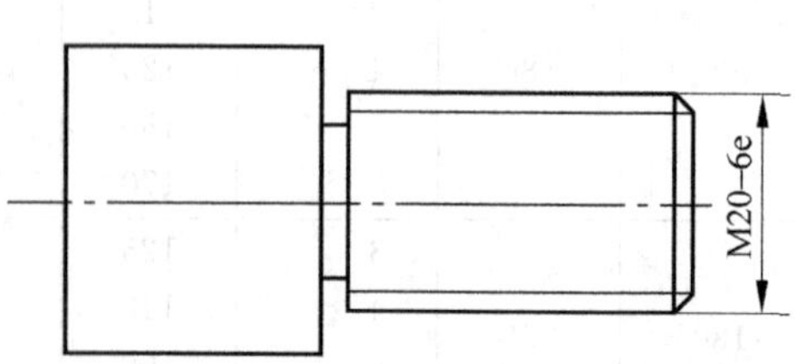


图 5-5　三针法测量三角形螺纹中径阶梯轴

此轴类零件的右端为普通三角形螺纹，其标注为 M20 － 6e，表示其公称直径为 20mm 粗牙普通螺纹，螺距为 2.5mm，中径顶径的公差带代号为 6e。

首先，查表 5-3 得螺纹的中径尺寸 $\phi 18.376$mm；其次，根据公差带代号 6e，查表 5-4 得基本偏差为上偏差 es＝－0.080mm；再者，根据公差等级、公称直径和螺距，查表 5-6 得此外螺纹的中径公差 $T_{d_2}=0.170$mm；最后，计算下偏差 ei：

$$\begin{aligned} ei &= es - T_{d_2} \\ &= -0.080 - 0.170 \\ &= -0.250\text{mm} \end{aligned}$$

故中径尺寸应为 $\phi 18.376_{-0.250}^{-0.080}$，即中径最大极限尺寸为 $\phi 18.296$mm，最小极限尺寸为 $\phi 18.126$mm。实际检测尺寸在此范围内即为合格，否则为不合格。

## 三、测量工具选择

### 1. 量针选择

已知螺距为 2.5mm，查表 5-8 得标准量针直径 $d_0=1.441$mm。

### 2. 千分尺选择

对于公制普通螺纹 $\alpha/2=30°$

$$\begin{aligned} d_2 &= M - 3d_0 - 0.866P \\ &= M - (3d_0 + 0.866P) \\ &= M - C_{60} \end{aligned}$$

式中，$C_{60}=3d_0+0.866P$

则

$$\begin{aligned} M &= d_2 + C_{60} \\ &= 18.376 + 2.158 \\ &= 20.534\text{mm} \end{aligned}$$

选取精度为 0.01mm 的 0～25mm 的外径千分尺进行检测。

## 四、测量方法、步骤与数据处理

### 1. 测量方法与步骤

① 按标准选用千分尺，并将千分尺夹持在固定砧座上。

② 按标准选用量针，并按规定悬挂在附加支臂上。

③ 擦净量具和被测螺纹，校正千分尺的零位。

④ 将三个量针放入螺纹牙槽中，旋转千分尺的微分筒，使两端测头与三个量针接触，读出尺寸 $M$ 的值。每个读数必须估算到测量精度后一位，即微米级精度。

⑤ 在螺纹的轴向和周向分别取 5 个测量点，读取不同测量位置的尺寸，并做好记录。

⑥ 测量结束，取下量针和千分尺，擦拭干净，按规定将量针、千分尺分别放入盒内。

⑦ 按公式 $d_2=M-(3d_0+0.866P)=M-C_{60}$ 计算出实际中径值，根据中径的极限尺寸判断被测螺纹中径是否合格。

### 2. 测量数据处理

将上述 5 次测量结果填入螺纹中径测量数据表（见表 5-7）中，并进行平均值计算，最后做螺纹中径的合格性判断。

表 5-7 螺纹中径测量数据表

| 测量次数 | 1 | 2 | 3 | 4 | 5 | 平均值 |
|---|---|---|---|---|---|---|
| 测量值 $M$/mm | 20.493 | 20.502 | 20.498 | 20.501 | 20.499 | 20.499 |
| 中径值 $d_2$/mm | $d_2=M-C_{60}=M-2.158=20.499-2.158=18.341$ | | | | | |

结论：实测中径尺寸为 $\phi18.341$mm，不符合螺纹中径的尺寸精度要求（$\phi18.296\sim\phi18.126$mm），产品不合格。

## 五、相关知识

### 1. 认识三针测量法

三针测量法（也称三线测量法）是测量外螺纹中径比较精密的间接测量方法，使用时应根据被测螺纹的精度选择相应的量针精度。

### 2. 三针法测量原理

三针是三根直径相同、精度等级相同的量针，如图 5-6 所示。

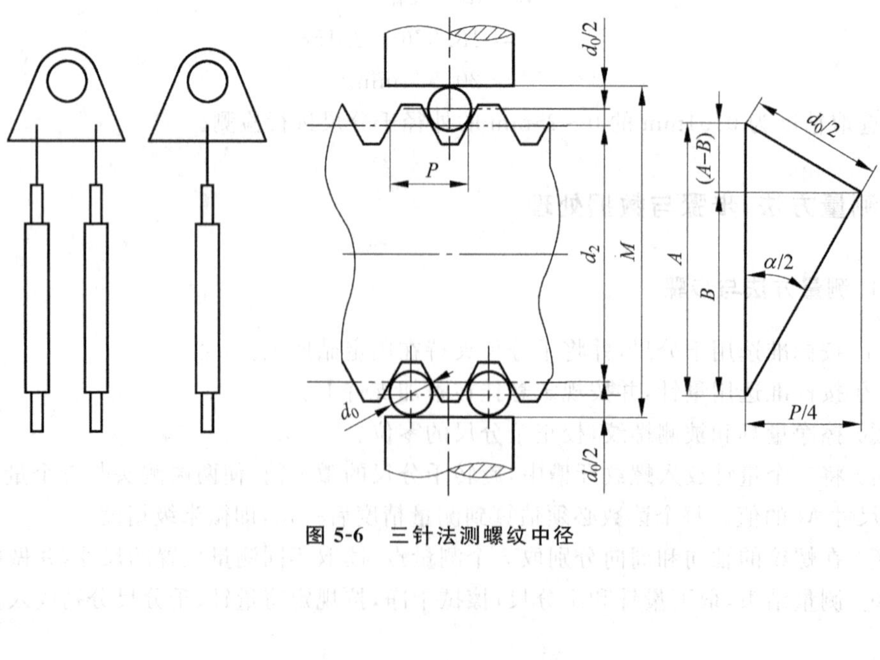


图 5-6 三针法测螺纹中径

三针的精度分为两个等级，即 0 级与 1 级。

0 级：主要用来测量螺纹中径公差为 4～8$\mu$m 的螺纹工件。

1 级：用来测量螺纹中径公差大于 8$\mu$m 的螺纹工件。

测量时先将三根直径相同的量针分别放入相应的螺纹沟槽内；再用接触式测量仪或测微量具(如千分尺等)测出三根量针外母线之间的跨距 $M$，根据已知的螺距 $P$、牙型半角 $\alpha/2$ 及量针直径 $d_0$ 的数值，计算出中径。由图 5-6 可知：对于公制普通螺纹 $\alpha/2=30°$，$d_2=M-(3d_0+0.866P)=M-C_{60}$。

工具专业标准已将量针尺寸标准化，对应不同的螺距，相应的标准量针尺寸 $d_0$ 和 $C_{60}$ 值可由表 5-8 查得。

**表 5-8　普通螺纹标准量针直径 $d_0$ 值和 $C_{60}$ 值**　　单位：mm

| 螺距 $P$ | 标准量针直径 $d_0$ | $C_{60}$ | 螺距 $P$ | 标准量针直径 $d_0$ | $C_{60}$ |
|---|---|---|---|---|---|
| 0.2 | 0.118 | 0.181 | 1.25 | 0.724 | 1.090 |
| 0.25 | 0.142 | 0.210 | 1.5 | 0.866 | 1.299 |
| 0.3 | 0.172 | 0.256 | 1.75 | 1.008 | 1.509 |
| 0.35 | 0.201 | 0.300 | 2 | 1.157 | 1.739 |
| 0.4 | 0.232 | 0.350 | 2.5 | 1.441 | 2.158 |
| 0.45 | 0.260 | 0.390 | 3 | 1.732 | 2.598 |
| 0.5 | 0.291 | 0.44 | 3.5 | 2.020 | 3.029 |
| 0.6 | 0.343 | 0.509 | 4 | 2.311 | 3.469 |
| 0.7 | 0.402 | 0.600 | 4.5 | 2.595 | 3.888 |
| 0.75 | 0.433 | 0.650 | 5 | 2.886 | 4.328 |
| 0.8 | 0.461 | 0.690 | 5.5 | 3.177 | 4.768 |
| 1.0 | 0.572 | 0.850 | 6 | 3.468 | 5.208 |

为了减少螺纹牙型半角误差对测量结果的影响，应使选用的量针与螺纹牙侧在中径处相切。如图 5-7 所示，此时的量针称为最佳量针，量针直径表示为 $d_{0(最佳)}$。

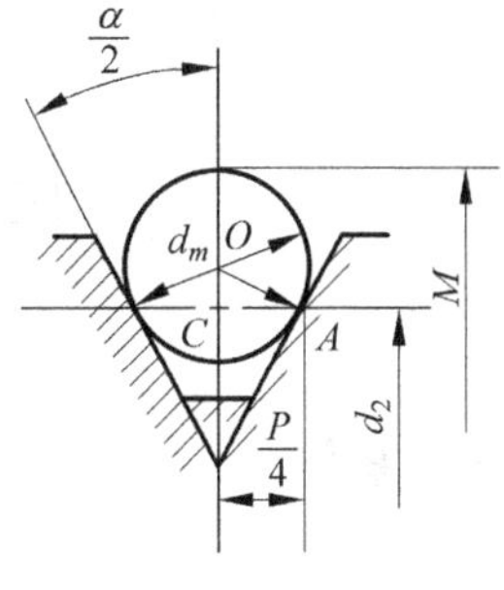

图 5-7　最佳量针

在图 5-7 中，因为 $\angle CAO=\alpha/2$，$AC=P/4$，$OA=d_{0(最佳)}/2$，对于公制普通螺纹 $\alpha/2=30°$，所以 $d_{0(最佳)}=0.577P$。

实际测量时可以根据螺距和牙型半角值选择最佳量针直径，当无最佳直径的量针时，可用最接近最佳量针直径的标准量针代替。如果所选的量针等于最佳量针直径，则对于公制普通螺纹的中径可按下式计算：

$$d_{2单一}=M-1.5d_{0(最佳)}$$

## 六、任务布置

如图 5-8 所示为一顶力螺杆，试根据零件图上螺纹的尺寸要求，正确选用量针及千分尺，测量其螺纹中径，记录数据，填写测量数据表并判断螺纹中径尺寸是否符合要求。

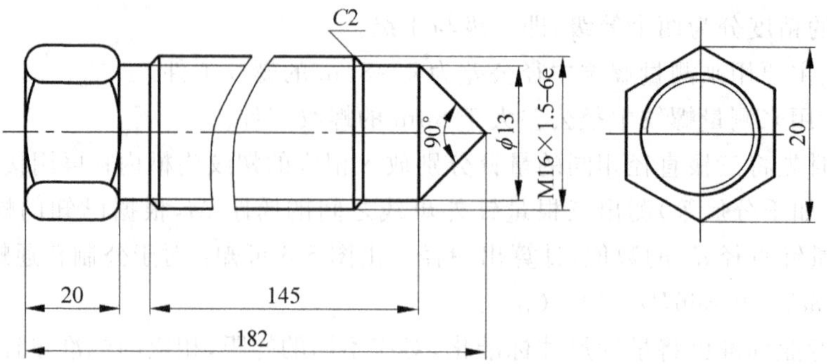


图 5-8 顶力螺杆

思考

① 三针法测量螺纹中径时，如何正确选用量针？
② 三针法测量三角形螺纹中径时，应如何确定测量值 $M$？

TWO

# 项目二 梯形螺纹的测量

## 学习分目标

(1) 能够读懂零件图上梯形螺纹的标记。
(2) 会根据螺纹公差表查表确定梯形螺纹中径公差。
(3) 会用三针测量法检测梯形螺纹。

## 任务 三针法测量梯形螺纹中径

### 一、案例

如图 5-9 所示为一螺杆，本工序主要是检测梯形螺纹 Tr40×10－7e 尺寸，试选用合适的量具进行检测。

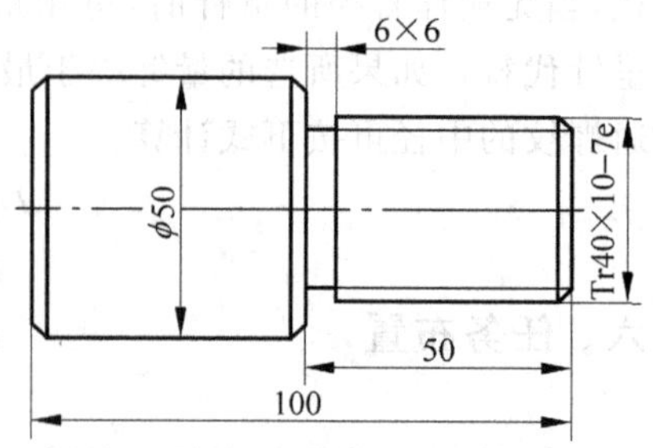


图 5-9 螺杆

### 二、案例分析

此螺杆为梯形螺纹，其标记为 Tr40×10－7e，表示其公称直径为 40mm，导程为 10mm，中径顶径的公差带代号为 7e。

梯形螺纹检测时，除要检测大径和螺距外，还应检测螺纹的中径，那么此螺纹的中径尺寸应该在怎样一个范围内才合格呢?

首先要根据梯形螺纹的大径查梯形螺纹基本尺寸数值表(见表 5-11)得螺纹的中径尺寸 $\phi 35.000$mm；再根据公差带代号 7e，查梯形内外螺纹的中径基本偏差表(见表 5-12)得基本偏差为上偏差 es=－0.150mm；然后根据公差等级、公称直径和螺距查梯形外螺纹中径公差表(见表 5-14)，得此外螺纹的中径公差 $T_{d_2}=0.400$mm，计算得其下偏差 ei=es－$T_{d_2}$=－0.150－0.400=－0.550mm。故中径尺寸应为 $\phi 35_{-0.550}^{-0.150}$mm，即中径最大极限尺寸为 $\phi 34.850$mm，最小极限尺寸为 $\phi 34.450$mm。

实际检测尺寸在此范围内即为合格，否则为不合格。

## 三、测量工具选择

### 1. 量针选择

已知梯形螺纹的螺距为 10mm，查梯形螺纹标准量针直径 $d_0$ 值和 $C_{30}$ 值表(见表 5-10)得标准量针直径 $d_0=5.176$mm。

### 2. 千分尺选择

对于梯形螺纹 $\alpha=30°$，$M=d_2+C_{30}=35.000+6.515=41.515$mm，选取精度为 0.01mm 的 25～50mm 的千分尺。

## 四、测量方法、步骤与数据处理

### 1. 测量方法与步骤

① 按标准选用公法线千分尺，并将千分尺夹持在固定砧座上。

② 按标准选用量针，并按规定悬挂在附加支臂上。

③ 擦净量具和被测螺纹，校正千分尺的零位。

④ 将三个量针放入梯形螺纹牙槽中，旋转千分尺的微分筒，使两端测头与三个量针接触，读出尺寸 $M$ 的值，如图 5-10 所示。每个读数必须估算到测量精度后一位，即微米级精度。

⑤ 在螺纹的轴向和周向分别取 5 个测量点，读取不同测量位置的尺寸，并做好记录。

⑥ 测量结束，取下量针和千分尺，擦拭干净，按规定将量针、千分尺分别放入盒内。

⑦ 按公式 $d_2=M-(4.864d_0-1.866P)=M-C_{30}$ 算出实际中径值，根据中径的极限尺寸判断被测螺纹中

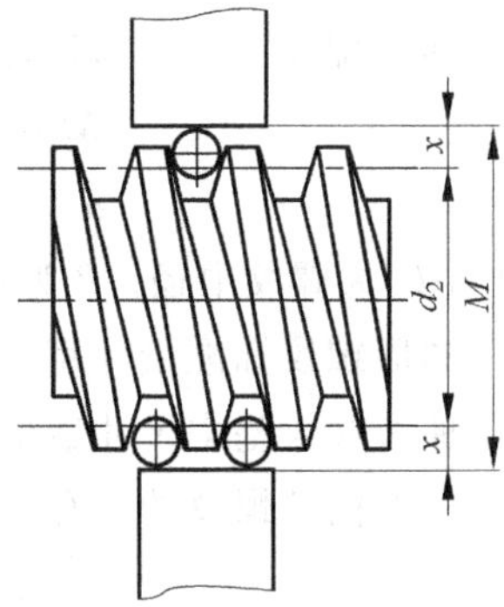


图 5-10　三针法测量梯形螺纹

径是否合格。

2. 测量数据处理

将上述 5 次测量结果填入螺纹中径测量数据表(见表 5-9),并进行平均值计算,最后做螺纹中径的合格性判断。

表 5-9　螺纹中径测量数据表

| 测量次数 | 1 | 2 | 3 | 4 | 5 | 平均值 |
|---|---|---|---|---|---|---|
| 测量值 $M$/mm | 41.330 | 41.202 | 41.003 | 40.983 | 40.997 | 41.103 |
| 中径值 $d_2$/mm | $d_2=M-C_{30}=M-6.515=41.103-6.515=34.588$ | | | | | |

结论:实测中径尺寸为 $\phi$34.588mm,符合螺纹中径的尺寸精度要求($\phi$34.850～$\phi$34.450mm),螺纹合格。

## 五、相关知识

### 1. 梯形螺纹的作用与种类

梯形螺纹是常用的传动螺纹,精度要求比较高。其典型应用为车床的丝杠和中小滑板的丝杠等。国家标准规定梯形螺纹的牙型角为 30°。

### 2. 梯形螺纹的标记

梯形螺纹的标记与三角形螺纹相似,由螺纹代号、公差带代号和旋合长度代号组成。标记示例为

$$\mathrm{Tr}\ 24\times 5-7\mathrm{H}$$

表示内梯形螺纹,公称直径为 24mm,螺距为 5mm,中径公差带代号为 7H。

### 3. 梯形螺纹中径计算

梯形螺纹的中径与量针直径、螺距有关系,$M$ 值的计算公式为

$$M=d_2+4.864d_0-1.866P$$

$$d_2=M-(4.864d_0-1.866P)=M-C_{30}$$

式中,$d_2$ 为螺纹中径;$P$ 为螺距;$d_0$ 为量针直径。

梯形螺纹标准量针直径 $d_0$ 值和 $C_{30}$ 值表见表 5-10。

梯形螺纹基本尺寸数值表见表 5-11。

梯形内外螺纹的中径基本偏差表见表 5-12。

表 5-10　梯形螺纹标准量针直径 $d_0$ 值和 $C_{30}$ 值表　　单位：mm

| 螺距 $P$ | 标准量针直径 $d_0$ | $C_{30}$ | 螺距 $P$ | 标准量针直径 $d_0$ | $C_{30}$ |
|---|---|---|---|---|---|
| 2 | 1.047 | 1.360 | 12 | 6.212 | 7.821 |
| 3 | 1.553 | 1.955 | 16 | 8.282 | 10.425 |
| 4 | 2.071 | 2.609 | 20 | 10.358 | 13.058 |
| 5 | 2.595 | 3.291 | 24 | 12.423 | 15.638 |
| 6 | 3.106 | 3.911 | 32 | 16.565 | 20.855 |
| 8 | 4.141 | 5.213 | 40 | 20.706 | 26.068 |
| 10 | 5.176 | 6.515 | | | |

表 5-11　梯形螺纹基本尺寸数值表　　单位：mm

| 公称直径 | 螺距 $P$ | 中径 $D_2$、$d_2$ | 大径 $D$、$d$ | 小径 | |
|---|---|---|---|---|---|
| | | | | $d_1$ | $D_1$ |
| 12 | 2 | 11.000 | 12.500 | 9.500 | 10.000 |
| | 3 | 10.500 | 12.500 | 8.500 | 9.000 |
| 16 | 2 | 15.00 | 16.500 | 13.500 | 14.000 |
| | 4 | 14.00 | 16.500 | 11.500 | 12.000 |
| 20 | 2 | 19.00 | 20.500 | 17.500 | 18.000 |
| | 4 | 18.00 | 20.500 | 15.500 | 16.000 |
| 24 | 3 | 22.500 | 24.500 | 20.500 | 21.000 |
| | 5 | 21.500 | 24.500 | 18.500 | 19.000 |
| | 8 | 20.000 | 25.000 | 15.000 | 16.000 |
| 28 | 3 | 26.500 | 28.500 | 24.500 | 25.000 |
| | 5 | 25.500 | 28.500 | 22.500 | 23.000 |
| | 8 | 24.000 | 29.000 | 19.000 | 20.000 |
| 32 | 3 | 30.500 | 32.500 | 28.500 | 29.000 |
| | 6 | 29.000 | 33.000 | 25.000 | 26.000 |
| | 10 | 27.000 | 33.000 | 21.000 | 22.000 |
| 36 | 3 | 34.500 | 36.500 | 32.500 | 33.000 |
| | 6 | 33.000 | 37.000 | 29.000 | 30.000 |
| | 10 | 31.000 | 37.000 | 25.000 | 26.000 |
| 40 | 3 | 38.500 | 40.500 | 36.500 | 37.000 |
| | 7 | 36.500 | 41.000 | 32.000 | 33.000 |
| | 10 | 35.000 | 41.000 | 29.000 | 30.000 |

表 5-12 梯形内外螺纹的中径基本偏差表 单位：μm

| 螺距 $P$/mm | 基本偏差 | | | |
|---|---|---|---|---|
| | 内螺纹 | 外螺纹 | | |
| | $D_2$ | $d_2$ | | |
| | H<br>EI | c<br>es | e<br>es | h<br>es |
| 1.5 | 0 | −140 | −67 | 0 |
| 2 | 0 | −150 | −71 | 0 |
| 3 | 0 | −170 | −85 | 0 |
| 4 | 0 | −190 | −95 | 0 |
| 5 | 0 | −212 | −106 | 0 |
| 6 | 0 | −236 | −118 | 0 |
| 7 | 0 | −250 | −125 | 0 |
| 8 | 0 | −265 | −132 | 0 |
| 9 | 0 | −280 | −140 | 0 |
| 10 | 0 | −300 | −150 | 0 |
| 12 | 0 | −336 | −160 | 0 |
| 14 | 0 | −365 | −180 | 0 |
| 16 | 0 | −375 | −190 | 0 |
| 18 | 0 | −400 | −200 | 0 |
| 20 | 0 | −425 | −212 | 0 |
| 22 | 0 | −450 | −224 | 0 |
| 24 | 0 | −475 | −236 | 0 |
| 28 | 0 | −500 | −250 | 0 |
| 32 | 0 | −530 | −265 | 0 |
| 36 | 0 | −560 | −280 | 0 |
| 40 | 0 | −600 | −300 | 0 |
| 44 | 0 | −630 | −315 | 0 |

梯形内螺纹中径公差表见表 5-13。

表 5-13 梯形内螺纹中径公差（$T_{D_2}$）表 单位：μm

| 公称直径 $D$/mm | | 螺距 $P$/mm | 公差等级 | | |
|---|---|---|---|---|---|
| > | ≤ | | 7 | 8 | 9 |
| 5.6 | 11.2 | 1.5 | 224 | 280 | 355 |
| | | 2 | 260 | 315 | 400 |
| | | 3 | 280 | 355 | 450 |
| 11.2 | 22.4 | 2 | 265 | 335 | 425 |
| | | 3 | 300 | 375 | 475 |
| | | 4 | 355 | 450 | 560 |
| | | 6 | 375 | 475 | 600 |
| | | 8 | 475 | 600 | 750 |

续表

| 公称直径 D/mm | | 螺距 P/mm | 公差等级 | | |
|---|---|---|---|---|---|
| > | ≤ | | 7 | 8 | 9 |
| 22.4 | 45 | 3 | 335 | 425 | 530 |
| | | 5 | 400 | 500 | 630 |
| | | 6 | 450 | 560 | 710 |
| | | 7 | 475 | 600 | 750 |
| | | 8 | 500 | 630 | 800 |
| | | 10 | 530 | 670 | 850 |
| | | 12 | 560 | 710 | 900 |
| 45 | 90 | 3 | 353 | 450 | 550 |
| | | 4 | 400 | 500 | 630 |
| | | 8 | 530 | 670 | 850 |
| | | 9 | 560 | 710 | 900 |
| | | 10 | 560 | 710 | 900 |
| | | 12 | 630 | 800 | 1000 |
| | | 14 | 670 | 850 | 1060 |
| | | 16 | 710 | 900 | 1120 |
| | | 18 | 750 | 950 | 1180 |

梯形外螺纹中径公差表见表 5-14。

**表 5-14　梯形外螺纹中径公差($T_{d_2}$)表**　　单位：μm

| 公称直径 d/mm | | 螺距 P/mm | 公差等级 | | | |
|---|---|---|---|---|---|---|
| > | ≤ | | 6 | 7 | 8 | 9 |
| 5.6 | 11.2 | 1.5 | 132 | 170 | 212 | 265 |
| | | 2 | 150 | 190 | 236 | 300 |
| | | 3 | 170 | 212 | 265 | 335 |
| 11.2 | 22.4 | 2 | 160 | 200 | 250 | 315 |
| | | 3 | 180 | 224 | 280 | 355 |
| | | 4 | 212 | 265 | 335 | 425 |
| | | 6 | 224 | 280 | 355 | 450 |
| | | 8 | 280 | 355 | 450 | 560 |
| 22.4 | 45 | 3 | 200 | 250 | 315 | 400 |
| | | 5 | 236 | 300 | 375 | 475 |
| | | 6 | 265 | 335 | 425 | 530 |
| | | 7 | 280 | 355 | 450 | 560 |
| | | 8 | 300 | 375 | 475 | 600 |
| | | 10 | 315 | 400 | 500 | 630 |
| | | 12 | 335 | 425 | 530 | 670 |

续表

| 公称直径 d/mm | | 螺距 P/mm | 公差等级 | | | |
|---|---|---|---|---|---|---|
| > | ≤ | | 6 | 7 | 8 | 9 |
| 45 | 90 | 3 | 212 | 265 | 335 | 425 |
| | | 4 | 236 | 300 | 375 | 475 |
| | | 8 | 315 | 400 | 500 | 630 |
| | | 9 | 335 | 425 | 530 | 670 |
| | | 10 | 335 | 425 | 530 | 670 |
| | | 12 | 375 | 475 | 600 | 750 |
| | | 14 | 400 | 500 | 630 | 800 |
| | | 16 | 425 | 530 | 670 | 850 |
| | | 18 | 450 | 560 | 710 | 900 |

## 六、布置任务

如图 5-11 所示为一自来水龙头的阀芯，试正确选用量针及千分尺，用三针法测量 Tr8×3－6e 梯形螺纹中径，记录数据，填写测量数据表并判断螺纹中径尺寸是否符合要求。

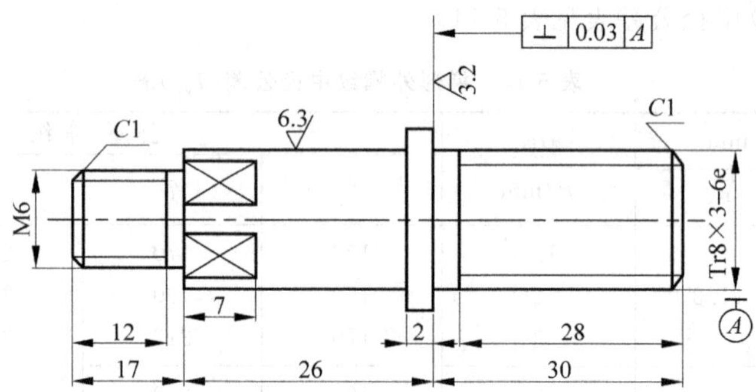


图 5-11 水龙头的阀芯

思考

① 三针法测量梯形螺纹中径时，应如何确定测量值 M？

② 三针法测量三角形螺纹与梯形螺纹中径方法是否一致？为什么？

06

模块六

# 零件质量的综合检测

## 学习总目标

(1) 会独立检测零件的质量。

(2) 会正确阅读零件图。

(3) 会正确选择测量所需要的工具、量具。

(4) 会编写各类零件的测量记录表并判别零件的合格性。

ONE

# 项目一　轴类零件的综合检测

## 学习分目标

(1) 能够正确阅读轴类零件图。

(2) 会正确选择轴类零件检测工具、量具。

(3) 会正确检测轴类零件。

(4) 会正确撰写轴类零件的测量记录单并判别零件的合格性。

## 一、案例

如图 6-1 所示的传动轴,零件加工完成后需要控制带有公差要求的尺寸及有形位公差要求的表面,试根据要求正确选择测量工具并判断相关尺寸是否合格。

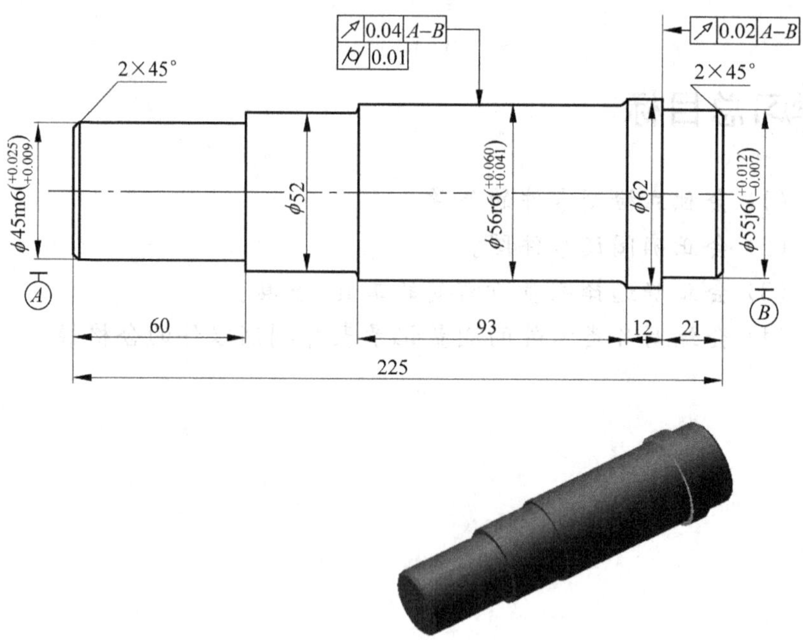


图 6-1　传动轴

## 二、案例分析

### 1. 尺寸误差的测量

需检测的尺寸包括：$\phi45m6(^{+0.025}_{+0.009})$、$\phi55j6(^{+0.012}_{-0.007})$、$\phi56r6(^{+0.060}_{-0.041})$。

### 2. 形位误差的测量

需要测量的形位误差有：$\phi56r6(^{+0.060}_{-0.041})$的轴段处需要进行径向圆跳动及圆柱度的测量，$\phi62$ 轴段的右端面需要进行端面圆跳动的测量。

## 三、测量工具的选择

### 1. 尺寸误差测量量具的选择

由于零件上有公差要求的尺寸都是外径尺寸，因此，对于尺寸公差的测量工具可以选用 25～50mm、50～75mm 两种型号的外径千分尺进行测量。

### 2. 形位误差测量量具的选择

测量工具：百分表、平台、V 形块或中心台。

## 四、测量方法与步骤

① 使用外径千分尺对三处轴段的直径分别进行测量。

② 使用 V 形块或中心台、百分表、平台等相关工具对所标注的形位误差进行测量。

**说明**

如果传动轴的两端有中心孔，这时可以用顶尖座代替 V 形块以模拟传动轴的轴线进行形位公差的测量。

## 五、填写测量记录单

传动轴零件的测量记录单见表 6-1。

表 6-1 传动轴零件的测量记录单

| 测 量 记 录 单 |
|---|
| 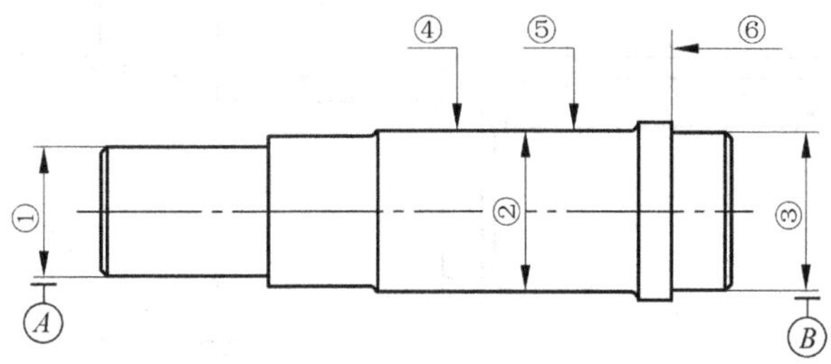 |

续表

| 测量结果(mm) | | | | | | | | | |
|---|---|---|---|---|---|---|---|---|---|
| 零件名称 | 传动轴 | | 测量日期 | ×年×月×日 | | 结论 | 合√否 | 测量者 | ××× |
| 序号 | 项目 | 尺寸要求 | 使用的量具 | 测量结果 | | | | | 项目判定 |
| | | | | NO. 1 | NO. 2 | NO. 3 | NO. 4 | NO. 5 | |
| ① | 外径 | $\phi45m6(^{+0.025}_{+0.009})$ | 外径千分尺 | φ45.018 | φ45.020 | φ45.016 | φ45.009 | φ45.021 | 合√否 |
| ② | 外径 | $\phi56r6(^{+0.060}_{-0.041})$ | 外径千分尺 | φ56 | φ56.03 | φ56.057 | φ55.970 | φ56.018 | 合√否 |
| ③ | 外径 | $\phi55j6(^{+0.012}_{-0.007})$ | 外径千分尺 | φ55.012 | φ55.01 | φ55.006 | φ54.998 | φ55.011 | 合√否 |
| ④ | 径向圆跳动 | 0.04 | V形块或顶尖座、百分表、平台 | 0 | 0.01 | −0.03 | −0.01 | 0.01 | 合√否 |
| ⑤ | 圆柱度 | 0.01 | | 0.008 | 0.007 | 0.006 | 0.008 | 0.007 | 合√否 |
| ⑥ | 端面圆跳动 | 0.02 | | 0.015 | 0.016 | 0.013 | 0.016 | 0.018 | 合√否 |

结论：由表 6-1 可知，传动轴所有的测量项目都在所标注的公差范围内，所以该零件为合格品，可以正常使用。

## 六、任务布置

检测如图 6-2 所示的联动轴，试选用合适的量具对该零件的尺寸公差与形位公差进行正确检测，写出测量步骤，记录测量数据，填写测量记录单并对零件的合格性做出判断。

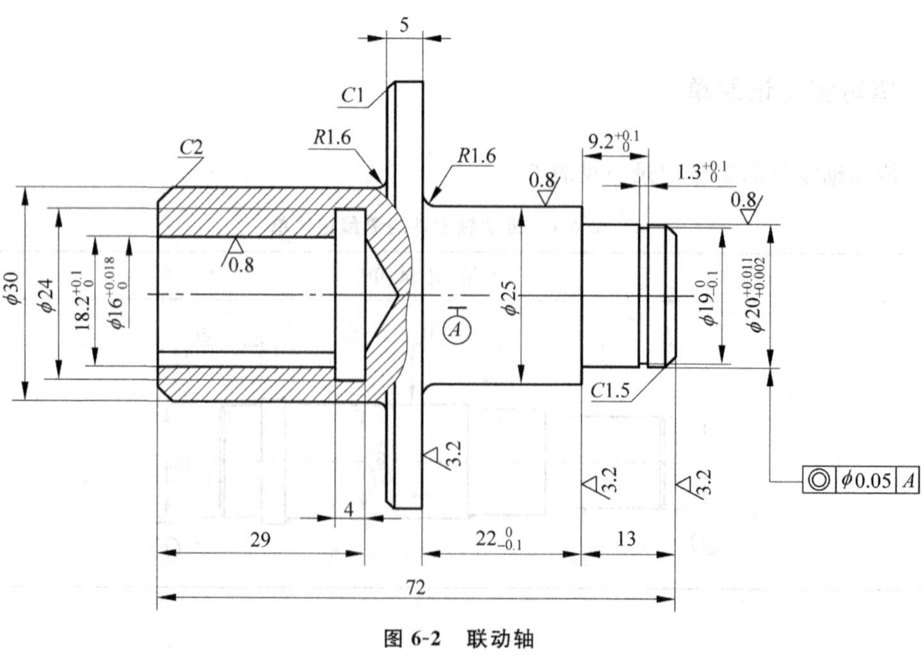


图 6-2 联动轴

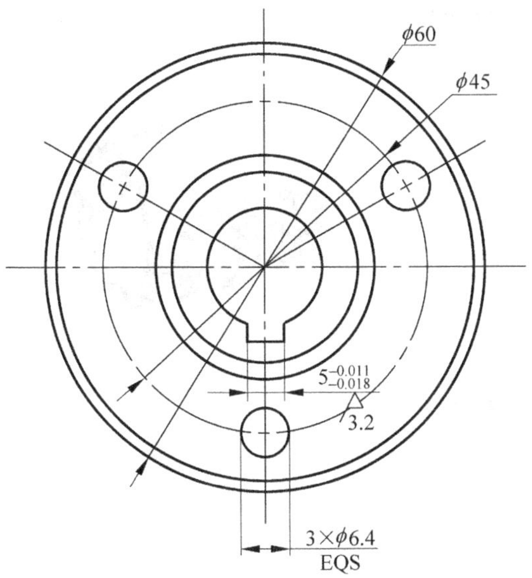

图 6-2　（续）

**思考**

① 对轴类零件进行形位误差测量时，如何正确选用 V 形块或顶尖座固定？
② 径向圆跳动的测量与圆度的测量有何区别？

TWO

# 项目二　套类零件的综合检测

## 学习分目标

(1) 能够正确阅读套类零件图。
(2) 会正确选择套类零件检测工具、量具。
(3) 会正确检测套类零件。
(4) 会正确撰写套类零件的测量记录单并判别零件的合格性。

## 一、案例

如图 6-3 所示为一衬套，试检测衬套内径的实际尺寸及外径的实际尺寸是否在规定的公差范围内，以及衬套外圆柱面的圆度误差和外圆柱面相对于内圆柱面的同轴度误差是否在规定的公差值范围内。

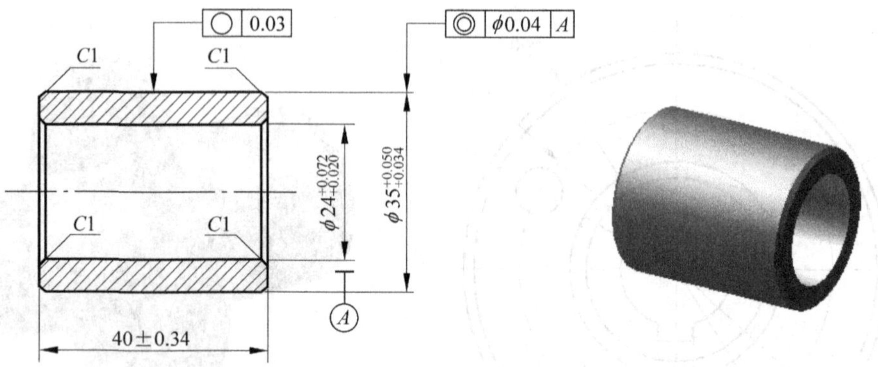


图 6-3 衬套

## 二、案例分析

### 1. 尺寸误差的测量

需要测量的实际尺寸包括：$\phi24^{+0.072}_{+0.020}$ mm、$\phi35^{+0.050}_{+0.034}$ mm、40±0.34mm。

### 2. 形位误差的测量

需要测量的形位误差有：尺寸为 $\phi35^{+0.050}_{+0.034}$ mm 的外圆柱表面需要进行同轴度的测量及圆度的测量。

## 三、测量工具的选择

### 1. 尺寸误差测量量具的选择

零件上有公差要求的尺寸不仅有外径尺寸还有内径尺寸，因此选用一把 0～25mm 的内径千分尺及一把 25～50mm 的外径千分尺进行测量，对于有公差要求的长度尺寸则选用一把 0～150mm 的游标卡尺进行测量。

### 2. 形位误差测量量具的选择

测量工具：顶尖座、百分表、平台、心轴。

## 四、测量方法与步骤

① 根据精度及尺寸的不同，利用不同的量具对零件的实际尺寸进行测量：利用内径千分尺对尺寸 $\phi24^{+0.072}_{+0.020}$ mm 进行测量，利用外径千分尺对尺寸 $\phi35^{+0.050}_{+0.034}$ mm 进行测量，利用游标卡尺对尺寸 40±0.34mm 进行测量。

② 利用顶尖座、百分表、平台等相关工具对所标注的形位公差进行测量。

## 五、填写测量记录单

衬套零件的测量记录单见表 6-2。

**表 6-2　衬套零件的测量记录单**

测量记录单

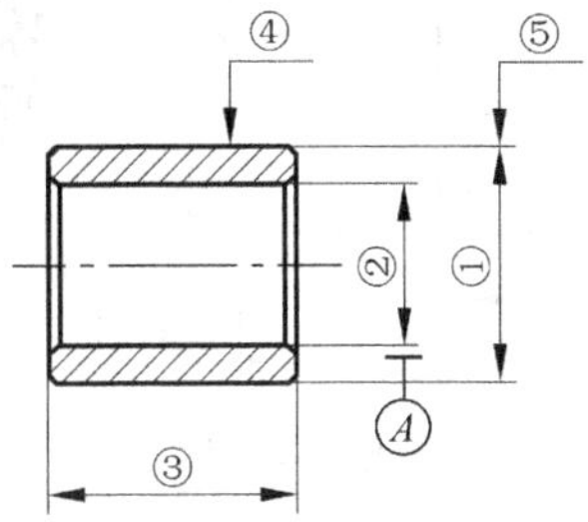


测量结果(mm)

| 零件名称 | 衬　套 | | 测量日期 | ×年×月×日 | | 结论 | 合否√ | 测量者 | ××× |
|---|---|---|---|---|---|---|---|---|---|
| 序号 | 项目 | 尺寸要求 | 使用的量具 | 测 量 结 果 | | | | | 项目判定 |
| | | | | NO. 1 | NO. 2 | NO. 3 | NO. 4 | NO. 5 | |
| ① | 外径 | $\phi35^{+0.050}_{+0.034}$ | 外径千分尺 | $\phi$35.035 | $\phi$35.04 | $\phi$35.038 | $\phi$35.045 | $\phi$35.038 | 合√ 否 |
| ② | 内径 | $\phi24^{+0.072}_{+0.020}$ | 内径千分尺 | $\phi$24.03 | $\phi$24.04 | $\phi$24.07 | $\phi$24.05 | $\phi$24.06 | 合√ 否 |
| ③ | 长度 | 40±0.34 | 游标卡尺 | 40.020 | 40.010 | 40.000 | 40.030 | 40.020 | 合√ 否 |
| ④ | 圆度 | 0.03 | 顶尖座、百分表、平台 | 0.028 | 0.027 | 0.019 | 0.022 | 0.025 | 合√ 否 |
| ⑤ | 同轴度 | $\phi$0.04 | | 0.03 | 0.04 | 0.05 | 0.04 | 0.03 | 合 否√ |

结论：由表 6-2 可知，衬套所有的测量项目中，同轴度公差超出规定的公差范围，所以该零件为不合格品，如果对同轴度误差无法修复，则该零件必须做报废处理。

## 六、任务布置

检测如图 6-4 所示的轴套零件，试选用合适的量具对该零件的尺寸公差与形位公差进行正确检测，写出测量步骤，记录测量数据，填写测量记录单并对零件的合格性做出判断。

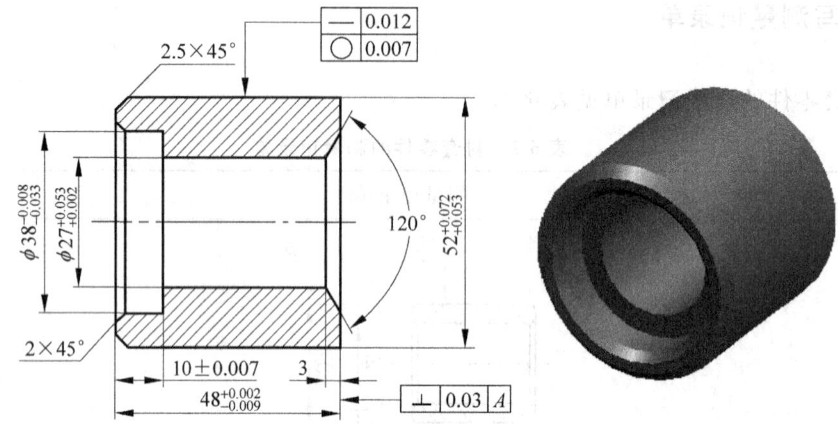


图 6-4 轴套

思考

① 分别说明检测工件的孔径、轴径尺寸时，如何给出工件返修还是报废处理结论？

② 如果如图 6-3 所示的衬套两端有端面圆跳动的要求，应该如何进行测量，试说明测量过程。

THREE

# 项目三 盘类零件的综合检测

## 学习分目标

(1) 能够正确阅读盘类零件图。

(2) 会正确选择盘类零件检测工具、量具。

(3) 会正确检测盘类零件。

(4) 会正确撰写盘类零件的测量记录单并判别零件的合格性。

## 一、案例

如图 6-5 所示为一法兰盘，检测法兰盘的两个有公差要求的尺寸是否在规定的公差范围内，以及法兰盘的端面圆跳动误差及同轴度误差是否在规定的公差值范围内。

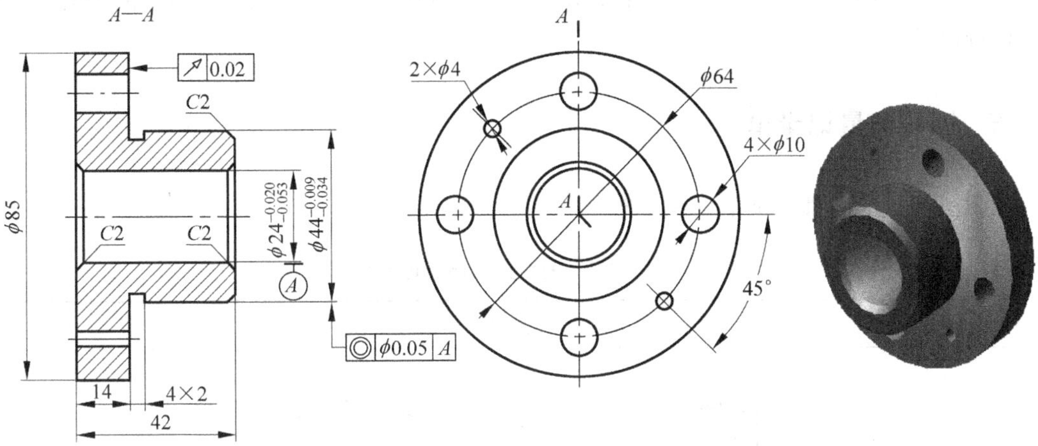


图 6-5　法兰盘

## 二、案例分析

### 1. 尺寸误差的测量

需要测量的实际尺寸包括：$\phi24^{-0.020}_{-0.053}$mm、$\phi44^{-0.009}_{-0.034}$mm。

### 2. 形位误差的测量

需要测量的形位误差有：$\phi44^{-0.009}_{-0.034}$mm 轴段处需要进行同轴度的测量，$\phi85$mm 轮盘的右端面需要进行圆跳动的测量。

## 三、测量工具的选择

### 1. 尺寸误差测量量具的选择

零件上有公差要求的尺寸不仅有外径尺寸还有内径尺寸，因此选用两把千分尺，一把是 0～25mm 的内径千分尺，另一把是 25～50mm 的外径千分尺。

### 2. 形位误差测量量具的选择

测量工具：顶尖座、百分表、平台、心轴。

## 四、测量方法与步骤

① 根据精度及尺寸的不同，利用不同的量具对零件的实际尺寸进行测量：利用内径千分尺对尺寸 $\phi24^{-0.020}_{-0.053}$mm 进行测量，利用外径千分尺对尺寸 $\phi44^{-0.009}_{-0.034}$mm 进行测量。

② 利用顶尖座、百分表、平台等相关工具对所标注的形位误差进行测量(同轴度、端面圆跳动)。

## 五、填写测量记录单

法兰盘的测量记录单见表 6-3。

**表 6-3 法兰盘的测量记录单**

测量记录单

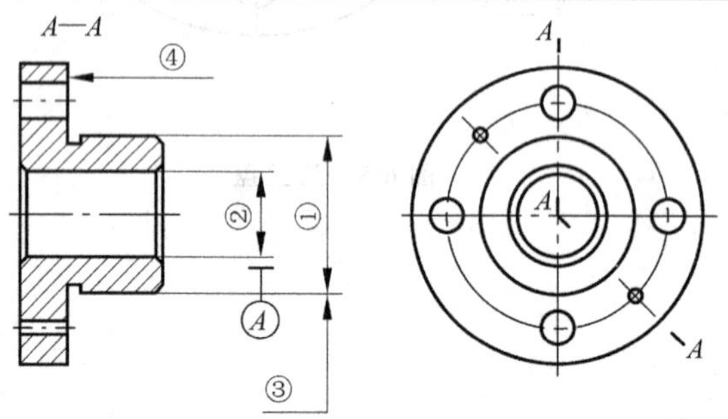


测量结果(mm)

| 零件名称 | 法兰盘 | | 测量日期 | ×年×月×日 | | 结论 | 合 否√ | 测量者 | ××× |
|---|---|---|---|---|---|---|---|---|---|
| 序号 | 项目 | 尺寸要求 | 使用的量具 | 测量结果 NO. 1 | NO. 2 | NO. 3 | NO. 4 | NO. 5 | 项目判定 |
| ① | 外径 | $\phi 44^{-0.009}_{-0.034}$ | 外径千分尺 | ϕ43.986 | ϕ43.980 | ϕ44.000 | ϕ43.970 | ϕ43.972 | 合否√ |
| ② | 内径 | $\phi 24^{-0.020}_{-0.053}$ | 内径千分尺 | ϕ23.980 | ϕ23.982 | ϕ23.950 | ϕ23.960 | ϕ23.975 | 合√ 否 |
| ③ | 同轴度 | ϕ0.05 | 顶尖座、百分表、平台 | 0.04 | 0.03 | 0.03 | 0.04 | 0.04 | 合√ 否 |
| ④ | 端面跳动 | 0.02 | | 30.21 | 30.23 | 30.22 | 30.235 | 30.218 | 合 否√ |

结论:由表 6-3 可见,法兰盘所有的测量项目中,外径尺寸超出规定的公差范围,所以该零件为不合格品,如果对外径误差进行修复,则该零件还可使用,否则必须做报废处理。

## 六、任务布置

检测如图 6-6 所示的联轴器端盖,试选用合适的量具对该零件的尺寸公差与形位公差进行正确检测,写出测量步骤,记录测量数据,填写测量记录单并对零件的合格性做出判断。

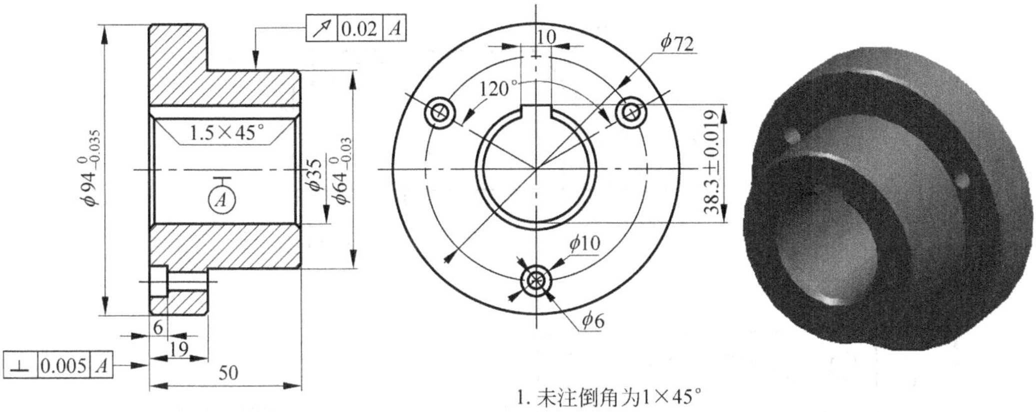


1. 未注倒角为1×45°
2. 调质处理

**图 6-6　联轴器端盖**

思考

① 如果如图 6-5 所示的法兰盘 $\phi24_{-0.053}^{-0.020}$mm 的孔通过测量后尺寸正好为 $\phi24$mm，那么这个孔的内径是否合格？

② 如果如图 6-5 所示的法兰盘 $\phi24_{-0.053}^{-0.020}$mm 的孔有圆度要求，应该如何进行测量？

FOUR

# 项目四　箱体类零件的综合检测

## 学习分目标

(1) 能够正确阅读箱体类零件图。

(2) 会正确选择箱体类零件检测工具、量具。

(3) 会正确检测箱体类零件。

(4) 会正确撰写箱体类零件的测量记录单并判别零件的合格性。

## 一、案例

对如图 6-7 所示的顶盖进行测量，检测顶盖的一个高度尺寸、一个厚度尺寸和孔的中心距尺寸及四个孔的尺寸是否在规定的公差要求范围内，以及顶盖下表面的平面度误差是否在规定的公差范围内。

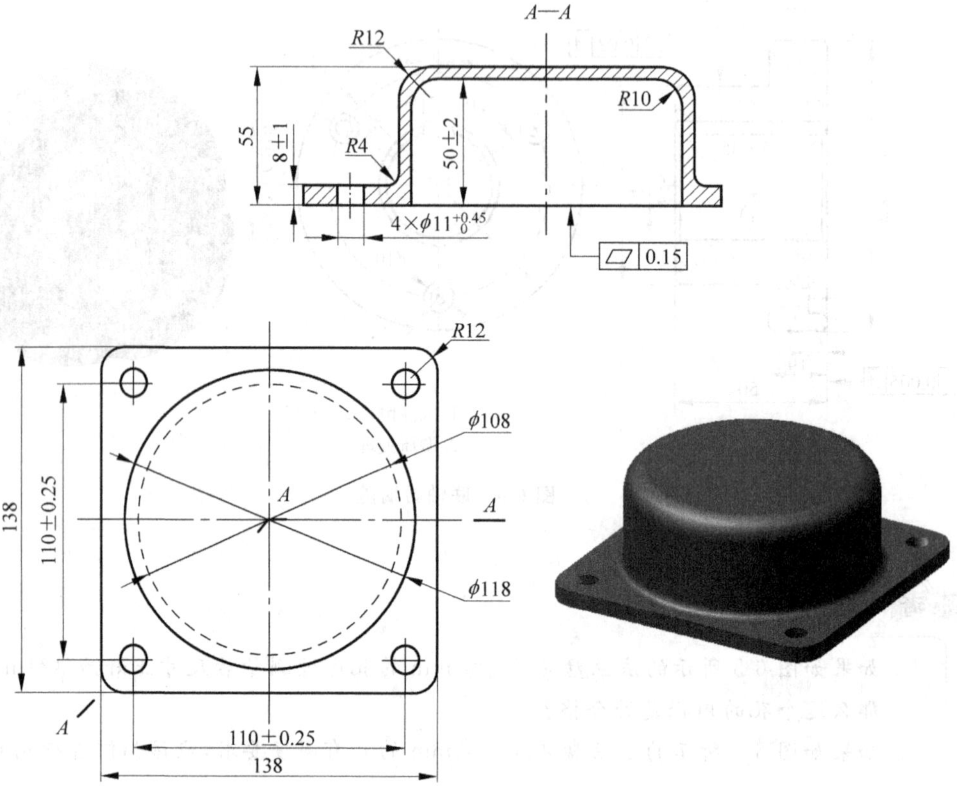


图 6-7　顶盖

## 二、案例分析

### 1. 尺寸误差的测量

需要测量的实际尺寸包括：(8±1)mm、(50±2)mm、(110±0.25)mm、4×$\phi 11^{+0.45}_{0}$ mm。

### 2. 形位误差的测量

需要测量的形位误差项目有：顶座下表面需要进行平面度的测量。

## 三、测量工具的选择

### 1. 尺寸误差测量量具的选择

根据零件上的公差要求只要选择一把 0～150mm 游标卡尺就可以满足测量要求。

### 2. 形位误差测量量具的选择

测量工具：百分表、平台等。

## 四、测量方法与步骤

① 利用游标卡尺对尺寸(8±1)mm、(50±2)mm、(110±0.25)mm、$\phi 11^{+0.45}_{0}$mm 进行测量。

② 利用百分表、平台等相关量具对所标注的形位公差进行测量。

## 五、填写测量记录单

顶盖零件的测量记录单见表 6-4。

**表 6-4　顶盖零件的测量记录单**

测量记录单

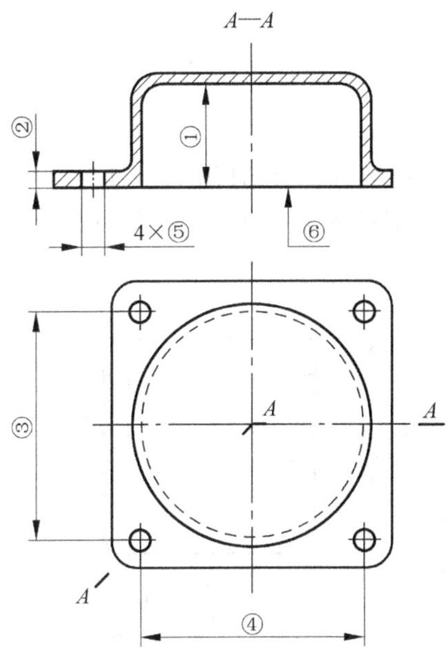


测量结果(mm)

| 零件名称 | 顶　盖 | | 测量日期 | ×年×月×日 | | 结论 | 合√否 | 测量者 | ××× |
|---|---|---|---|---|---|---|---|---|---|
| 序号 | 项目 | 尺寸要求 | 使用的量具 | 测 量 结 果 | | | | | 项目判定 |
| | | | | NO.1 | NO.2 | NO.3 | NO.4 | NO.5 | |
| ① | 高度 | 50±2 | 游标卡尺 | 50.0 | 51.0 | 50.5 | 50.8 | 50.0 | 合√否 |
| ② | 厚度 | 8±1 | 游标卡尺 | 8.5 | 8.7 | 8.6 | 7.8 | 7.9 | 合√否 |
| ③ | 孔距 | 110±0.25 | 游标卡尺 | 109.75 | 110.20 | 110.25 | 109.90 | 109.98 | 合√否 |
| ④ | 孔距 | 110±0.25 | 游标卡尺 | 109.80 | 109.90 | 110.10 | 110.20 | 109.80 | 合√否 |

续表

| 测量结果(mm) | | | | | | | | | |
|---|---|---|---|---|---|---|---|---|---|
| 零件名称 | 顶　盖 | | 测量日期 | ×年×月×日 | | 结论 | 合√否 | 测量者 | ××× |
| 序号 | 项目 | 尺寸要求 | 使用的量具 | 测量结果 | | | | | 项目判定 |
| | | | | NO. 1 | NO. 2 | NO. 3 | NO. 4 | NO. 5 | |
| ⑤ | 4 个孔 | $\phi11_0^{+0.45}$ | 游标卡尺 | $\phi$11.25 | $\phi$11.00 | $\phi$11.32 | $\phi$11.10 | $\phi$11.30 | 合√否 |
| ⑥ | 平面度 | 0.15 | 百分表、平台 | 0 | 0.08 | 0.02 | 0.06 | 0.12 | 合√否 |

结论：由表 6-4 可见，顶盖所有的测量项目均在规定的公差范围内，所以该零件为合格品，可以正常使用。

## 六、任务布置

检测如图 6-8 所示的支撑箱，试选用合适的量具对该零件的尺寸误差与形位误差进行正确检测，写出测量步骤，记录测量数据，填写测量记录单并对零件的合格性做出判断。

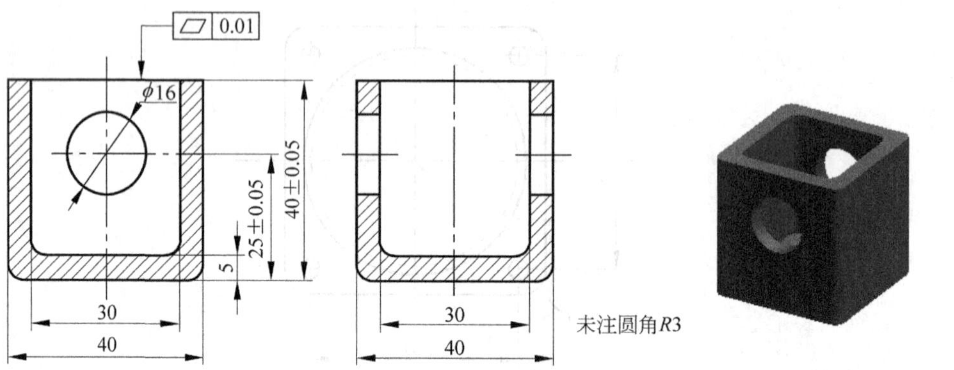


图 6-8　支撑箱

思考

如图 6-8 所示的支撑箱，如果该支撑箱的深度有公差要求，应选用什么量具进行测量，试举例说明。

07

模块七

# 精密测量仪器的认识

## 学习总目标

(1) 了解表面粗糙度测量仪的用途与使用方法。
(2) 了解万能工具显微镜的用途与使用方法。
(3) 了解数字式投影仪的用途与使用方法。
(4) 了解圆度仪的用途与使用方法。
(5) 了解三坐标测量仪的用途与使用方法。

ONE

# 项目一 认识表面粗糙度测量仪

## 学习分目标

(1) 了解表面粗糙度测量仪结构。

(2) 了解表面粗糙度测量仪原理。

(3) 了解表面粗糙度测量仪使用方法。

(4) 了解表面粗糙度测量仪维护保养方法。

### 一、案例

试测量如图 7-1 所示的气门芯滑杆端面的表面粗糙度值，判断滑杆 $\phi$28mm 处右端精度是否达到图纸要求。

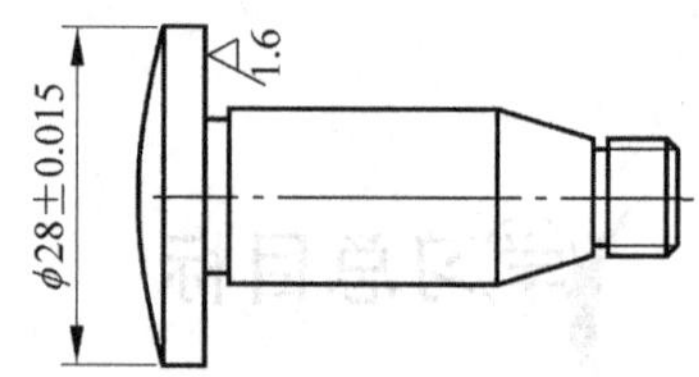


图 7-1 气门芯滑杆

### 二、案例分析

气门芯滑杆与机座的表面有较高要求的接触，为此零件的表面粗糙度要求也较高。为了保证零件的质量，需要在生产现场进行经常性抽测，以防止产品质量无法达到零件设计要求。

### 三、测量仪器选择

表面粗糙度测量仪器的选择要优先考虑检测精度及生产现场检测的可行性，由于本案例中表面粗糙度要求值为 1.6$\mu$m，产品又要求在生产现场进行经常性检测，为了方便现场检测，选择便携式表面粗糙度仪进行检测。本案例中以图 7-2 所示的时代 TR 200 便携式表面粗糙度仪为例予以说明。

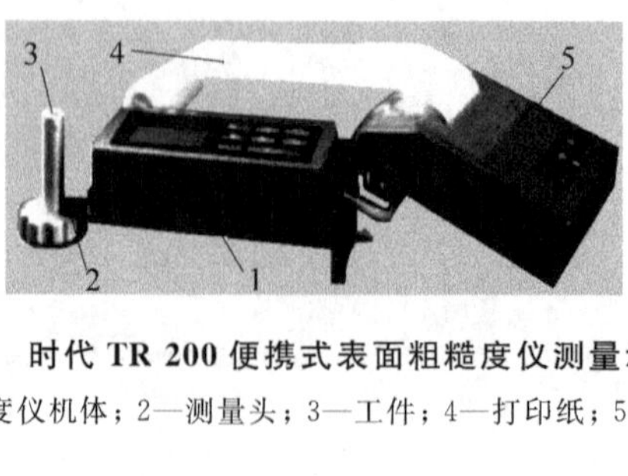


图 7-2 时代 TR 200 便携式表面粗糙度仪测量示意图

1—表面粗糙度仪机体；2—测量头；3—工件；4—打印纸；5—微型打印机

## 四、测量步骤及数据处理

### 1. 表面粗糙度仪检查

打开表面粗糙度仪，检查电源电压是否正常，如果需要将测量值即时打印，也可将测量仪与微型打印机接好。

### 2. 测量前的准备

擦净工件被测量表面，将工件倒放在测量平板上。

### 3. 测量头放置

将仪器正确、平稳、可靠地放置在被测工件表面上。如图 7-3 所示的便携式表面粗糙度仪测量头放置示意图，其中打“×”的放置方法为错误，中间两位置摆放正确，传感器的滑行轨迹必须垂直于工件被测量表面的加工纹理方向。

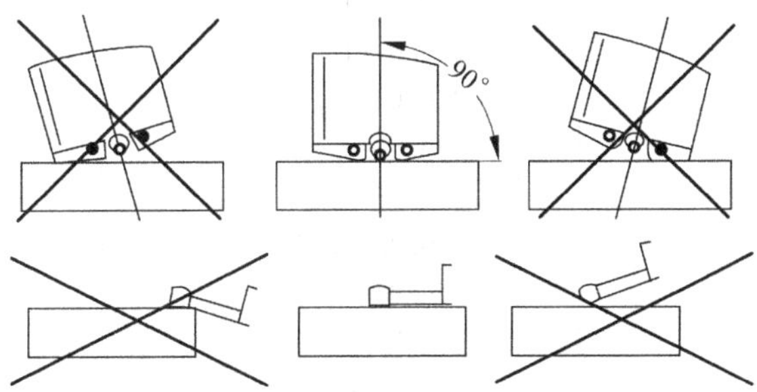


图 7-3　测量头放置示意图

### 4. 设置测量条件

如图 7-4 所示，按菜单键[←]进入菜单操作界面后，再按滚动键[︽]、[︾]，选取测量条件设置功能，按回车键[⏎]进入测量条件设置状态，依次修改六个参数，即取样长度、评定长度、测量标准、量程、滤波器、参数，分别将它们设置如下：

① 取样长度＝0.8　本案例 $R_a$＝1.6μm，查阅表面粗糙度检测取样长度推荐表（见表 7-1）获取。

② 评定长度＝5L　菜单中有 1L、2L、3L、4L、5L 五类。

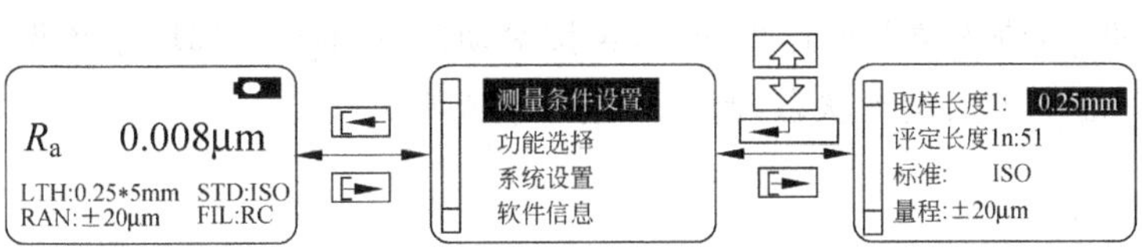


图 7-4　测量条件设置状态图

③ 测量标准＝ISO 菜单中有 ISO、DIN、JIS、ANSI 四类。

④ 量程＝±20μm 菜单中有±20μm、±40μm、±80μm、自动四类。

⑤ 滤波器＝RC 菜单中有 RC、PC、Gauss、D、P 五类。

⑥ 参数＝$R_a$ 本案例中只要检测 $R_a$ 值即可，菜单中有 $R_a$、$R_z$、$R_y$、$R_q$ 四类。

**表 7-1 表面粗糙度检测取样长度推荐表**

| $R_a$/μm | $R_z$/μm | 取样推荐长度/mm |
|---|---|---|
| >40～80<br>>20～40<br>>10～20 | >160～320<br>>80～160<br>>40～80 | 8 |
| >5～10<br>>2.5～5 | >20～40<br>>10～20 | 2.5 |
| >1.25～2.5<br>>0.63～1.25<br>>0.32～0.63 | >6.3～10<br>>3.2～6.3<br>>1.6～3.2 | 0.8 |
| >0.25～0.32<br>>0.20～0.25<br>>0.16～0.20<br>>0.125～0.16<br>>0.1～0.125<br>>0.08～0.1<br>>0.063～0.08<br>>0.05～0.063<br>>0.04～0.05<br>>0.032～0.04<br>>0.025～0.032<br>>0.02～0.025 | >1.25～1.6<br>>1.0～1.25<br>>0.8～1.0<br>>0.63～0.8<br>>0.5～0.63<br>>0.4～0.5<br>>0.32～0.4<br>>0.25～0.32<br>>0.2～0.25<br>>0.16～0.2<br>>0.125～0.16<br>>0.1～0.125 | 0.25 |
| >0.016～0.02<br>>0.0125～0.016<br>>0.01～0.0125<br>>0.008～0.01<br>>0.0063～0.008<br>≤0.063 | >0.08～0.1<br>>0.063～0.08<br>>0.05～0.062<br>>0.04～0.05<br>>0.032～0.004<br>≤0.032 | 0.08 |

## 5. 其他设置

按菜单键[←]进入菜单操作界面后，再按滚动键[︽]、[︾]，可选取系统设置、打印设置等功能，按回车键[┘]进入设置状态，此处不做详细说明。

## 6. 测量

相关参数设置好后，即可按启动键[>]开始测量，测量仪将按图 7-5 所示流程图显示测量数据。

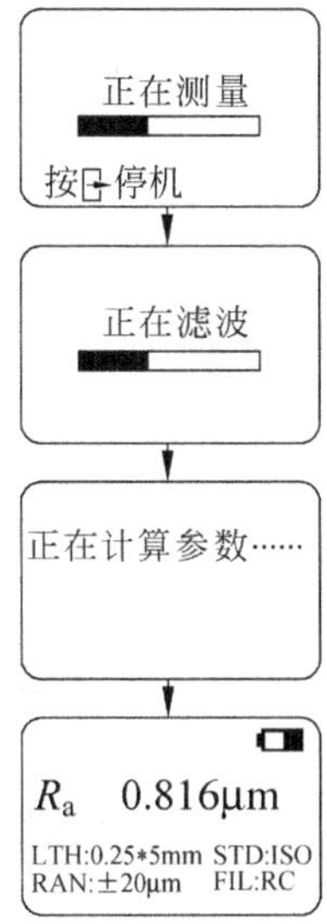


**图 7-5　测量流程图**

①“正在测量”说明测量仪的传感器正在工件被测表面滑行。

② 工件表面采样结束后，测量仪需要进行滤波处理。

③ 滤波完毕后，将相关参数进行自动计算。

④ 测量完毕，返回到初始状态，显示本次测量的结果。

⑤ 操作者可以按参数键 Ra 显示本次测量的全部参数值，按滚动键⌃、⌄翻页，第二次按参数键 Ra 则显示测量的轮廓曲线。

⑥ 按回车键 ↵ 则可以显示指针当前位置。

### 7. 重复测量操作

反复测量 5 次，收集数据。

### 8. 数据处理

将 5 次测量的结果值填入气门芯滑杆表面粗糙度值测量报告表（见表 7-2）中，进行分析。

**表 7-2　气门芯滑杆表面粗糙度值测量报告表**

| 测量仪器 | 名　称 | 示值范围 | 测量范围 |
|---|---|---|---|
| | TR 200 便携式表面粗糙度仪 | 不大于±10% | 160μm |
| 零件名称 | 气门芯滑杆 | 测量零件示意图 | |
| 测量项目 | 端面表面粗糙度 | 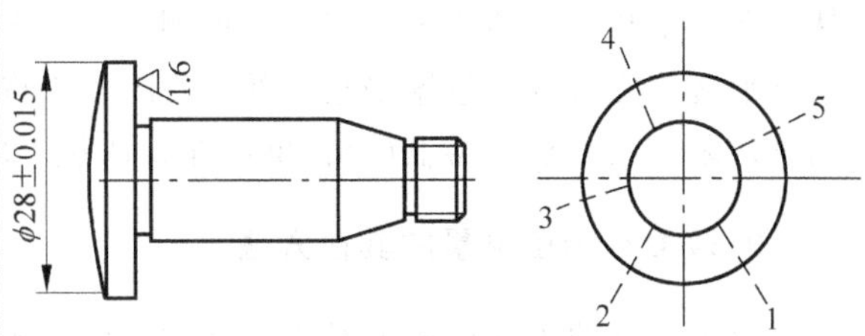 | |
| 允许值 | 1.6μm | | |
| 测量点 | 实际测量值/μm | | |
| 1 | 0.0012 | | |
| 2 | 0.0014 | | |
| 3 | 0.0013 | | |
| 4 | 0.0014 | | |
| 5 | 0.0012 | | |
| 平均值 | 0.0013 | | |
| 测量结论 | 合格 | 检测员 | ××× |

## 五、相关知识

### 1. 便携式表面粗糙度仪的结构

便携式表面粗糙度仪因其携带方便、操作简单、测量精度高，因而在生产现场表面粗糙度检测中得到越来越广泛的使用，其主体结构如图 7-6 及图 7-7 所示。

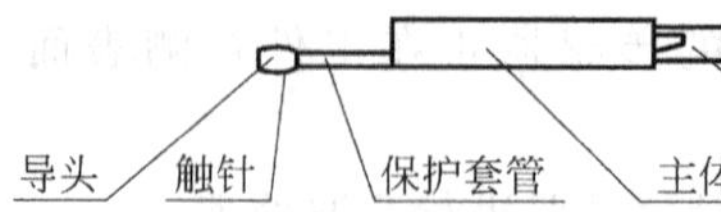


图 7-6 便携式表面粗糙度仪传感器图

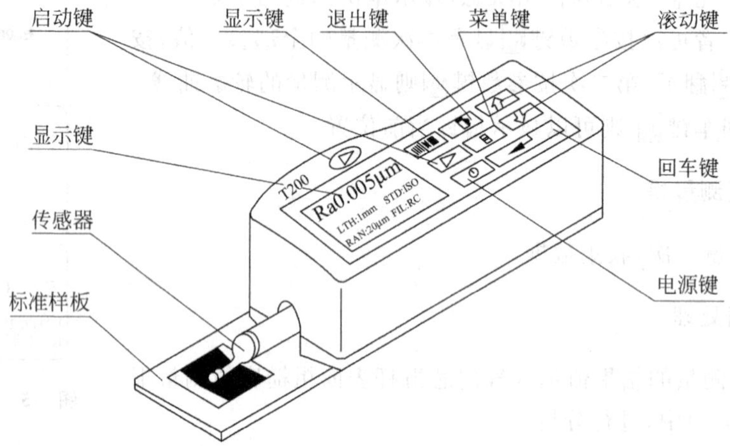


图 7-7 便携式表面粗糙度仪操作面板正面结构图

2. 便携式表面粗糙度仪工作原理

测量工件表面粗糙度时，将传感器放在工件被测表面上，由仪器内部的驱动机构带动传感器沿被测表面做等速滑行，传感器通过内置的锐利触针感受被测表面的粗糙度，此时工件被测表面的粗糙度引起触针产生位移，该位移使传感器电感线圈的电感量发生变化，从而在相敏整流器的输出端产生与被测表面粗糙度成比例的模拟信号，该信号经过放大及电平转换之后进入数据采集系统，DSP 芯片将采集的数据进行数字滤波和参数计算，测量结果在液晶显示器上读出，也可在打印机上输出，还可以与 PC 进行通信。

3. 表面粗糙度测量的其他方法

由于零件的表面粗糙度对于产品的精度影响很大，为此，在零件质量的检测中，表面粗糙度是一个重要的指标。目前，表面粗糙度检测方法越来越多，常见的有比较法、轮廓仪法、光切法等，测量所用的仪器如图 7-8 所示。

(a) 比较块 (b) 轮廓仪 (c) 光切显微镜

图 7-8 表面粗糙度测量仪器

4. 便携式表面粗糙度仪的维护与保养

① 避免将仪器放置于碰撞、剧烈震动、重尘、潮湿、油污、强磁场等场所。

② 传感器是仪器的精密部件，应精心维护，每次使用完毕，要将传感器放回包装盒中。

③ 随机标准样板应精心保护，以免划伤后造成校准仪器失准。

## 六、任务布置

根据教师提供的测量零件，看懂零件图，试用表面粗糙度比较块比较，判断样品的表面粗糙度是否合格，并说说比较块检测与便携式表面粗糙度仪检测的区别在哪里。

TWO

# 项目二　认识万能工具显微镜

## 学习分目标

(1) 了解万能工具显微镜结构。
(2) 了解万能工具显微镜原理。
(3) 了解万能工具显微镜的使用方法。
(4) 了解万能工具显微镜的维护保养方法。

## 一、案例

试测量如图7-9所示油门盖零件的螺纹中径，判断其尺寸精度是否符合要求。

## 二、案例分析

油门盖是机械零件中常见件之一，此类零件往往与机体形成细牙螺纹密封，因此，螺纹部分加工要求较高。此案例中螺纹代号为M20×1.5－5g，表示公称直径为20mm、螺距为1.5的细牙螺纹，螺纹的中径与顶径公差带均为5g，属于较精密零件，需要用专用工具进行检测。

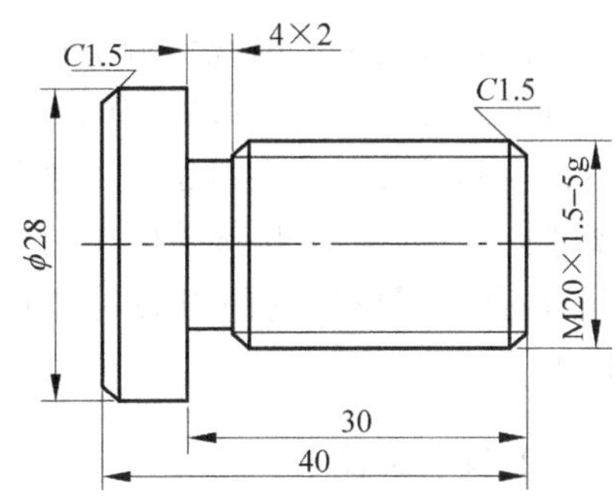


图7-9　油门盖

## 三、测量工具选择

机械加工过程中，对于零件精度的控制往往采用首件加工检测，而后批量组织生产的方法，因此，首件精度检测非常重要。本案例中以万能工具显微镜影像法测量为例说明检测过程，万能工具显微镜结构示意图如图 7-10 所示。

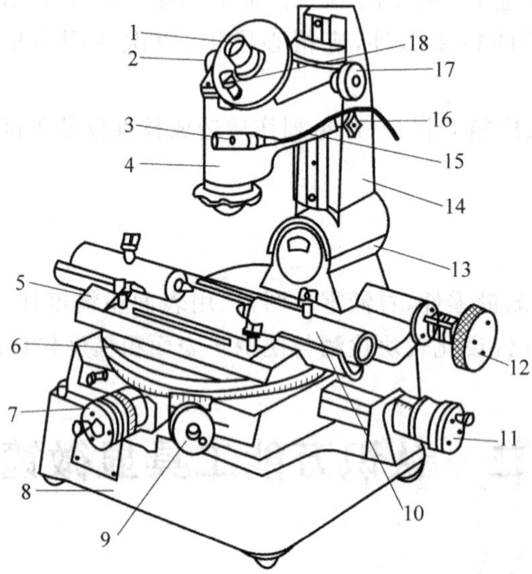


图 7-10　万能工具显微镜结构示意图

1—目镜；2—米字线旋转手轮；3—角度读数目镜光源；4—显微镜筒；5—顶尖座；6—圆工作台；7—横向千分尺；8—底座；9—圆工作台转动手轮；10—顶尖；11—纵向千分尺；12—立柱倾斜手轮；13—连接座；14—立柱；15—支臂；16—锁紧螺钉；17—升降手轮；18—角度示值目镜

## 四、测量步骤

### 1. 接通电源，调节视场及焦距

转动目镜 1 上的视场调节环，使视场中的米字线清晰。把调焦棒（见图 7-11）安装在两个顶尖 10 间。移动工作台，使调焦棒中间小孔内的刀刃成像在目镜 1 的视场中。松开锁紧螺钉 16，之后用升降手轮 17 使支臂 15 缓慢升降，直至调焦棒内的刀刃清晰地成像在目镜 1 中。

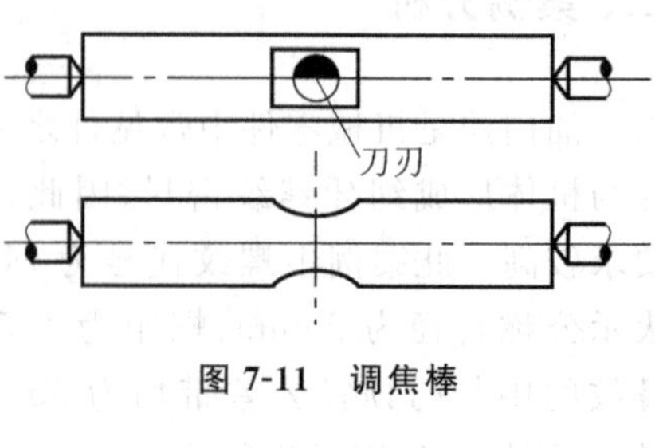


图 7-11　调焦棒

### 2. 安装工件

取下调焦棒，将被测螺纹工件安装在两个顶尖 10 间。

### 3. 确定光阑孔径，调整光阑大小

根据被测螺纹的中径，选取适当的光阑孔径，调整光阑大小。光阑孔径见表 7-3 所示。

表 7-3　光阑孔径（牙型角 $\alpha=60^\circ$）

| 螺纹中径 $d_2$/mm | 10 | 12 | 14 | 16 | 18 | 20 | 25 | 30 | 40 |
|---|---|---|---|---|---|---|---|---|---|
| 光阑孔径/mm | 11.9 | 11 | 10.4 | 10 | 9.5 | 9.3 | 8.6 | 8.1 | 7.4 |

### 4. 立柱倾斜方向、角度的调整

用立柱倾斜手轮 12 把立柱按螺纹开角倾斜，使牙廓两侧的影像清晰可见。

### 5. 测量瞄准方法

测量时采用压线法和对线法瞄准。图 7-12(a)为压线法，这种方法把目镜分划板上的米字线的中虚线 A-A 转到与牙廓影像的牙侧方向一致，并使中虚线 A-A 的一半压在牙廓影像之内，另一半位于牙廓影像之外，它用于测量长度。图 7-12(b)为对线法，这种方法是使米字线的中虚线 A-A 与牙廓影像的牙侧间有一条宽度均匀的细缝，它用于测量角度。

### 6. 螺纹中径 $d_{2实际}$ 的测量

测量中径是沿螺纹轴线的垂直方向测量螺纹两个相对牙廓侧面间的距离。该距离用压线法测量：转动纵向千分尺 11 和横向千分尺 7，移动工作台 6，使被测牙廓影像出现在视场中；再转动手轮 2，使目镜分划板上的米字线的中虚线 A-A 瞄准牙廓影像的一个侧面（如图 7-13 所示），记下横向千分尺 7 的第一次示值；然后把立柱 14 反转一个螺旋升角 $\varphi$，转动横向千分尺 7，移动工作台 6 及安装在其上的螺纹工件，把中虚线 A-A 瞄准轴线另一侧的同向牙廓侧面，记下横向千分尺 7 的第二次示值；以这两次示值之差作为中径的实际尺寸。

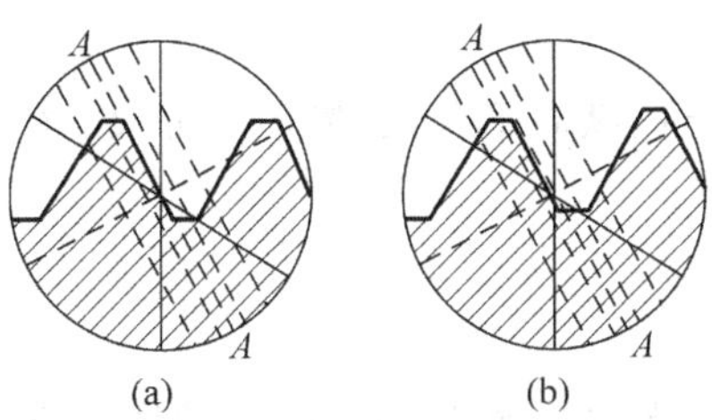


图 7-12　瞄准方法图

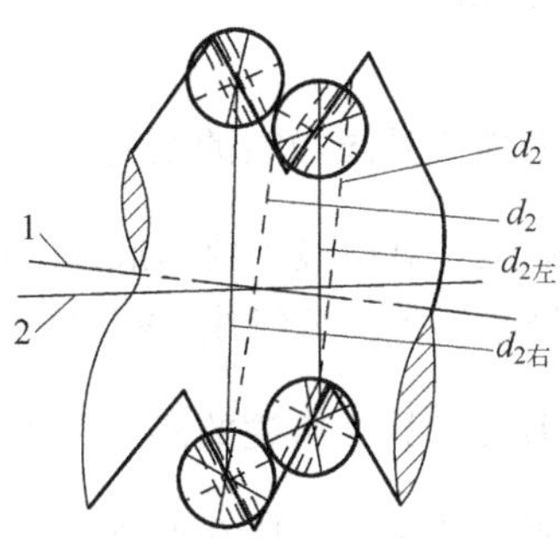


图 7-13　压线法测中径

为了消除被测螺纹轴线与测量仪测量轴线不重合所引起的安装误差的影响，应在牙廓左、右侧面分别测出 $d_{2左}$ 和 $d_{2右}$，取两者的平均值作为中径的实际尺寸 $d_{2实际}$，即

$$d_{2实际}=(d_{2左}+d_{2右})/2$$

### 7. 测量数据处理及合格性判断

对于普通螺纹，保证螺纹互换性的条件是：实际螺纹的作用中径不允许超出最大实

体牙型的中径，并且实际螺纹上的任何部位的单一中径不允许超出最小实体牙型的中径。本案例为测量普通细牙外螺纹，按 $d_{2m} \leqslant d_{2max}$ 且 $d_{2s} \geqslant d_{2min}$ 判断合格性，式中 $d_{2m}$ 和 $d_{2s}$ 分别为实际螺纹的作用中径和单一中径，$d_{2max}$ 和 $d_{2min}$ 分别为被测螺纹中径的最大和最小极限尺寸。

M20×1.5 细牙螺纹的中径经查阅表 5-3 为 19.026mm，公差带等级为 5g，则外螺纹中径的上偏差为 −0.032mm，下偏差为 −0.144mm。油门盖螺纹中径测量报告表见表 7-4。

**表 7-4 油门盖螺纹中径测量报告表**

| 测量仪器 | 名 称 | 示值范围 | 测量范围 |
|---|---|---|---|
| | 万能工具显微镜<br>表面粗糙度仪 | 参见仪器技术说明书 | 参见仪器技术说明书 |
| 零件名称 | 油门盖 | 测量零件示意图 | |
| 测量项目 | 螺纹中径/mm | 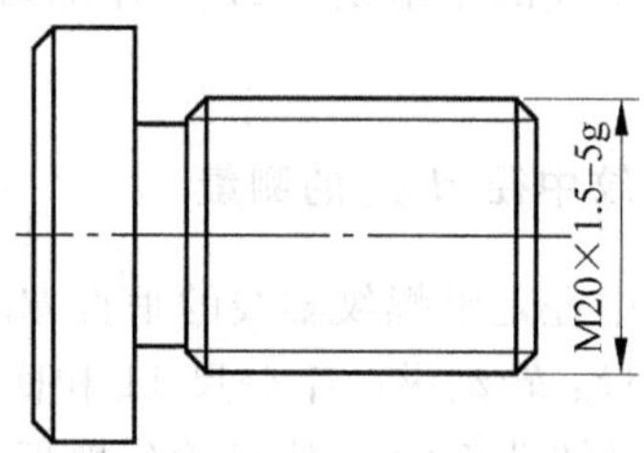 | |
| 最大极限值 | 18.994 | | |
| 最小极限值 | 18.882 | | |
| $d_{2左}$ | 18.926 | | |
| $d_{2右}$ | 18.934 | | |
| 作用中径 $d_{2m}$ | 18.922 | | |
| 单一中径 $d_{2s}$ | 18.902 | | |
| $d_2$ 实际尺寸 | 18.930 | | |
| 测量结论 | $d_{2m} \leqslant d_{2max}$ 且 $d_{2s} \geqslant d_{2min}$，<br>合格 | 检测员 | ××× |

## 五、相关知识

### 1. 万能工具显微镜的结构

万能工具显微镜主要由底座、立柱、工作台、纵向千分尺、横向千分尺、光学投影系统和显微镜系统等部分组成，参见图 7-10。

### 2. 万能工具显微镜的测量原理

万能工具显微镜具有直角坐标测量系统、光学系统和瞄准装置、角度测量装置。直角坐标测量系统由纵向、横向标准量和可移动的工作台构成。被测工件的轮廓用光学系统投影放大成像后，由瞄准装置瞄准被测轮廓的某一几何要素，从标准量细分装置上读出纵、横两个方向的坐标值，然后移动工作台及安装在其上的被测工件，瞄准被测轮廓的另一几何要素并读出其坐标值，则被测轮廓上这两个要素之间的距离即是工件长度。被测轮廓上某两要素间的角度的数值由瞄准装置和角度测量装置读出。

万能工具显微镜适用于测量线性尺寸及角度，除螺纹外，可测量各类样板、孔和轴等零件。

### 3. 万能工具显微镜的维护与保养

万能工具显微镜是一种高精密测量仪器，因此，在实际使用中要注意以下几点：

① 注意防止灰尘、潮湿及其他有害物质的侵蚀。

② 仪器光源采用的是低压电源照明，必须使用专用变压器，以防止事故发生。

③ 随机配备的所有透镜和未做防锈处理的表面不得用手直接接触。

④ 仪器使用完毕应擦拭干净，立柱及工作台表面要涂防锈油并盖上仪器罩。

## 六、任务布置

试按照国家标准规定的 M12 丝锥相关技术参数，检测 M12 丝锥的螺纹中径、螺距，并完成检测报告。

THREE

# 项目三 认识数字式投影仪

## 学习分目标

（1）了解数字式投影仪结构。

（2）了解数字式投影仪原理。

（3）了解数字式投影仪使用方法。

（4）了解数字式投影仪维护保养方法。

## 一、案例

如图 7-14 所示为某机械手表内部的精密齿轮，试选用合适的测量仪器检测顶径是否符合图纸技术要求。

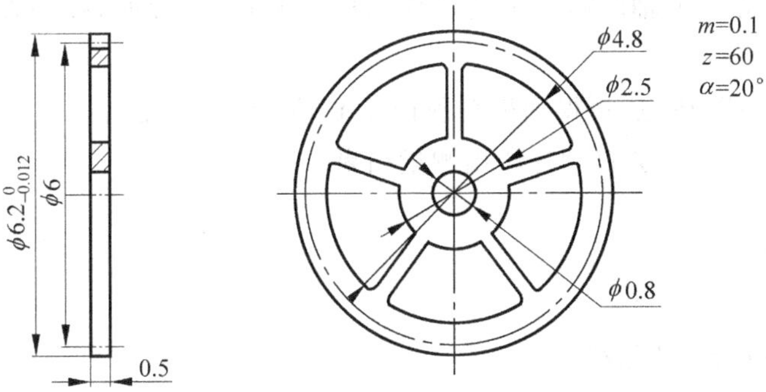


图 7-14 精密齿轮

## 二、案例分析

本案例中精密齿轮是手表制造业中重要的零件之一，其分度圆直径、齿距精度都影响到手表内部齿轮间的啮合精度，从而影响手表的报时准确性，因此，必须严格控制这两个尺寸。

## 三、测量工具选择

由于该齿轮属于精密零件，分度圆直径只有 6mm，齿距为 $P=\pi m=0.314$mm，常规检测量具根本无法检测该零件，因此采用工业数字式投影仪检测。本案例中以瑞士 TESA 公司的 TESA-SCOPE 300V 台式投影仪为例进行讲解，如图 7-15 所示。

图 7-15 TESA-SCOPE 300V 投影仪

## 四、测量步骤

① 将精密齿轮擦拭干净，并用专用擦镜纸将投影仪镜面擦拭干净。

② 接通电源，把被测精密齿轮置于表面电灯玻璃上。

③ 打开表面电灯、轮廓电灯开关。

④ 分别按公/英制、绝对值/增量值切换键及测量模式"确定"键，选择公制、绝对值及测量圆模式。

⑤ 转动 $Z$ 轴调整焦距，使零件在投影屏上轮廓达到满意的清晰程度。

⑥ 手动将精密齿轮的基准轴沿 $X$ 轴与 $Y$ 轴摆正。

⑦ 选取齿轮与 $X$ 轴的第一个交点作为第一测量点。

⑧ 将控制器上的 $X$ 键归零。

⑨ 选取齿轮与 $X$ 轴的第二个交点作为第二测量点，此时，控制器显示 $X$ 轴测量点数值。

⑩ 同理测量 $Y$ 轴点，可得到齿轮顶径在 $Y$ 轴测量点数值。

⑪ 按打印键，系统会自动打印出测量结果。

## 五、相关知识

### 1. 数字式投影仪的结构

TESA-SCOPE 300V 投影仪包括三大部分，其结构图参见图 7-16、图 7-17 和图 7-18。

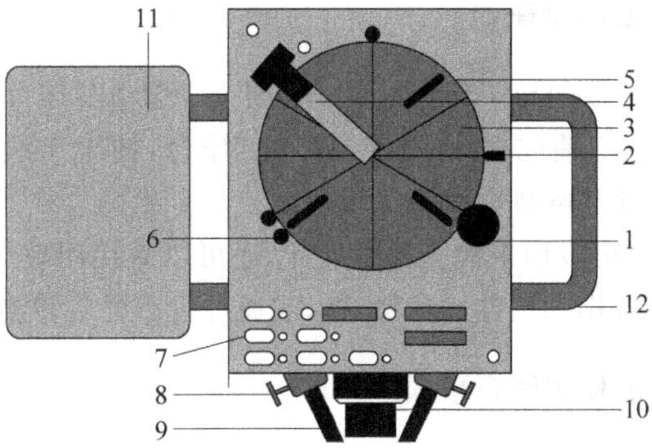


**图 7-16　投影仪上部结构图**

1—玻璃投影幕旋转旋钮；2—投影幕水平零点指示点；3—玻璃投影幕 & 角度刻画线；4—寻边传感器；5—投影胶片夹；6—投影幕固定按钮；7—数字显示屏；8—表面光纤管固定旋钮；9—表面光纤管出孔；10—镜头架；11—设计图面夹持架；12—TS-200 控制器固定架

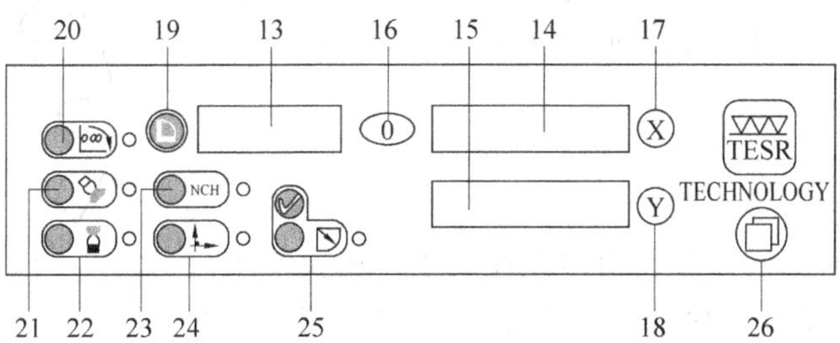


**图 7-17　投影仪操作面板结构图**

13—*A* 轴数字显示屏；14—*X* 轴角度数字显示屏；15—*Y* 轴角度数字显示屏；16—轮廓灯源开关；17—*X* 轴归零键；18—*Y* 轴归零键；19—角度数字归零键；20—角度单位切换键；21—表面灯源开关；22—轮廓灯源开关；23—公/英制切换键；24—绝对值/增量值切换键；25—测量圆模式"确定"键；26—打印键

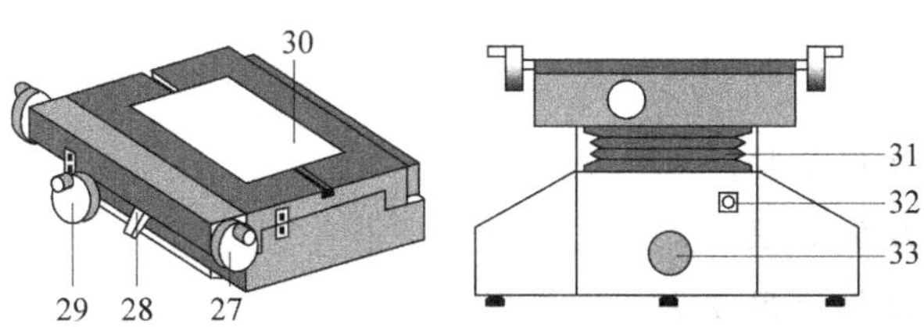


**图 7-18　投影仪测量座结构图**

27—*X* 轴驱动手轮；28—*X* 轴快速移动离合器开关；29—*Y* 轴上下驱动手轮；30—玻璃平台；31—对焦轴防尘罩；32—机台主开关(0=OFF,1=ON)，亮红灯时代表机台已经开启；33—*Z* 轴(对焦轴旋钮)

### 2. 数字式投影仪工作原理

将工件被测尺寸调整到与工作台移动方向平行，移动工作台，使投影屏上的十字线对准工件被测尺寸一端，$X$ 轴或 $Y$ 轴置零，移动工作台，使十字线对准工件被测尺寸另一端，这时 $X$ 或 $Y$ 的值即为被测长度的实际值。

数字式投影仪不仅可以用来检测长度尺寸，还可以直接用玻璃尺在投影屏上测量尺寸(所测尺寸除以放大倍数即为工件实际尺寸)，或通过投影屏旋转测量角度，此处不做多叙。

### 3. 数字式投影仪的使用注意事项

① 不稳定的电压会造成电源变压器的损坏，使用时请加装稳压器。

② 仪器控制器面板为损耗品，为了延长按键片的使用寿命，请在按键片上加保护胶片。

③ 仪器使用的环境：温度(20±2)℃，湿度低于 60%。如果于加工现场使用时，应经常保持清洁及保养，以保持仪器功能正常。

④ 投影玻璃屏幕不可用手接触，以免留下手印。如需要清洗玻璃屏幕时，不可用洗洁剂以免将十字刻画线洗淡。同时需用光学玻璃专用布来擦拭，以免刮伤玻璃表面。

## 六、任务布置

如图 7-19 所示的零件是由多工序级进冲压模冲压而成的精密马达定子硅钢片，试用数字式投影仪检测零件上两孔的中心距尺寸。

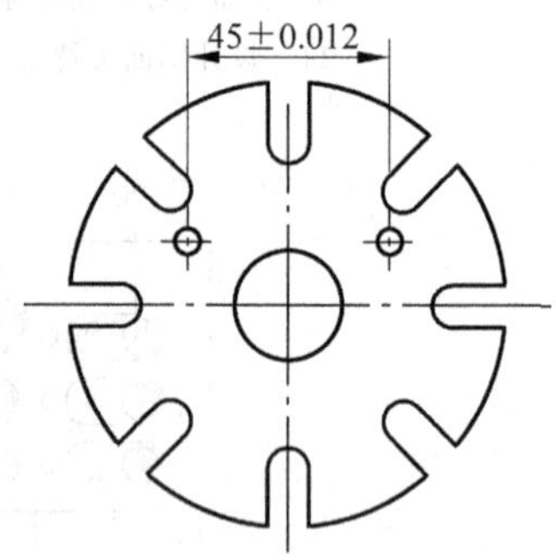


图 7-19 精密马达定子硅钢片

FOUR

# 项目四 认识圆度仪

## 学习分目标

(1) 了解圆度仪结构。

(2) 了解圆度仪原理。

(3) 了解圆度仪使用方法。

(4) 了解圆度仪维护保养方法。

## 一、案例

如图 7-20 所示为某内燃机的气门推杆零件图，试检测 $\phi16$mm 处的圆柱度、$SR750$mm 圆弧面的圆跳动误差是否合格。

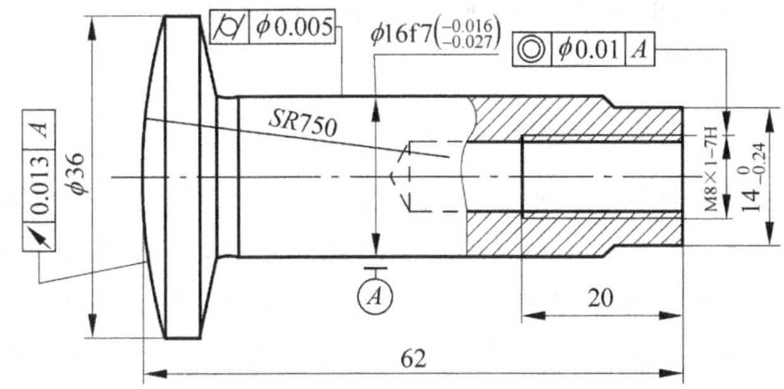


图 7-20　内燃机气门推杆零件图

## 二、案例分析

内燃机的气门推杆是内燃机配气机构的重要零件，也是一种高精度的精密零件，它与凸轮轴配合对气门实施控制，$\phi$16mm 处的圆柱度精度影响着气门推杆上下滑移的顺畅程度，*SR*750mm 圆弧面则与凸轮面相接触，此处的圆跳动公差控制着排气的稳定性。因此，此两项技术要求是气门推杆的重要检测指标。

## 三、测量工具选择

对于小型精密零件，有多种检测仪器供选择，此案例中要求一次装夹检测两个项目且工件较小，因此，选用圆度测量仪进行检测，如图 7-21 所示为日本三丰(Mitutoyo)RA114D 圆度仪外形图。

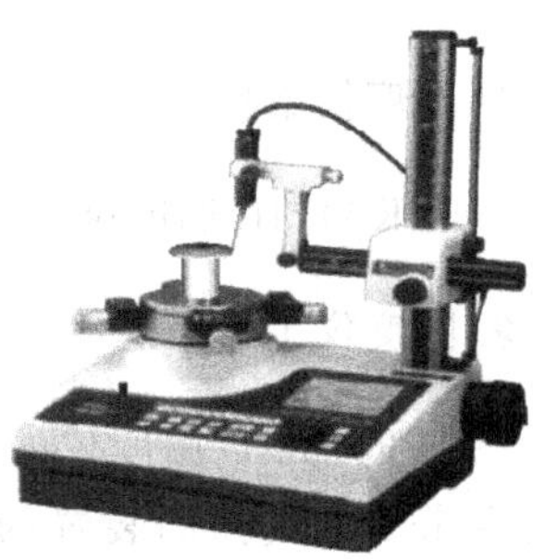

图 7-21　三丰 RA114D 圆度仪外形图

## 四、测量步骤

下面以日本三丰 RA114D 圆度仪为例，说明内燃机气门推杆的圆柱度与圆跳动误差检测方法。

① 启动空气压缩机，打开空气干燥器。

② 观察空气源指示灯，检查绿灯是否已亮。

③ 调整数显转盘中心及水平，注意必须先调水平，再调中心。

④ 将气门推杆放置于数显转盘中心位置。

⑤ 测定模式开关选择。本机带有自动与手动两种模式，选择自动模式。

⑥ 将硬质合金测量探针置于工件 $\phi$16mm 外圆柱面处，并施加测量压力 80mN。

⑦ 选择测量项目：圆柱度。

⑧ 选择记录模式。在本机上记录模式共有四种，即轮廓输出、最小平方圆、最大内切圆与最小外接圆。

⑨ 按下 Manual 键，再按转盘开关和开始测量键，转盘转动过程中，测量头自动升降，

若再按记录开关，则测量值显示在荧屏上，记录测量数值。

**注意**

按下 Measure 键时，水平平台及记录台均开始转动。如果测量进行时，屏幕出现“E”，表示发生错误，需按 OFF 键以消除“E”，然后重新以手动调整数显转盘的中心位置；如果显示屏出现四条横线，表示已开始测量，显示屏上出现“L”，表示正在进行演算，最后平台停止转动，显示屏上出现数值，显示圆柱度，记录结果。

⑩ 按上述①～⑨步骤，将探针放置于 $SR$750mm 圆弧面，测量顶端圆跳动误差值。

⑪ 测量结束后，可按打印键，由机器内置热敏打印机将测量结果打印成文档资料，也可通过软盘将数据保存。

⑫ 按下停止键，显示出被测物的中心坐标($X$,$Y$)值，约 3s。

⑬ 停止工作，关闭电源，铁质仪器表面上加注防锈油维护，大理石质仪器表面与设备则用凡士林维护。

圆度仪等精密零件测量仪器一般都带有软件，具有自动计算测量数据的功能，大大简化了繁重的计算工作，操作方便，一般非专业人员也很快能够掌握。为此，此处相关测量数据的处理问题不再加以展开。

## 五、相关知识

### 1. 圆度仪结构

三丰 RA114D 圆度仪的结构如图 7-22 所示。

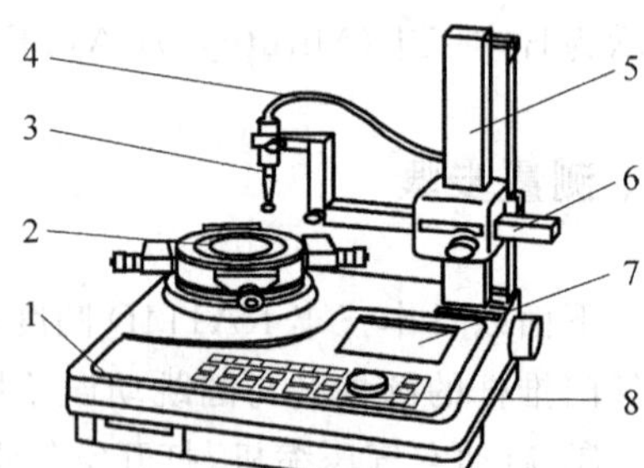


**图 7-22 三丰 RA114D 圆度仪结构图**

1—圆度仪机体；2—数显调中心及调水平平台；3—硬质合金探针；4—电源线；5—垂直方向移动导轨；6—$Z$ 向移动导轨；7—液晶显示屏；8—功能键操作面板

### 2. 圆度仪工作原理

三丰 RA114D 圆度仪的工作原理为：工件安装在带有空气浮动装置的数显回转台上，工件随工作台旋转，带传感器的测量头静止或上下移动，将测量获得的信号通过电路传输到微处理器内部，微处理器将信号通过信号滤波器进行过滤，然后进行内部计算，最后通过机器内部的输出装置(如热敏打印机)，将检测数据输出。

### 3. 圆度仪的维护与保养

圆度仪属于精密测量仪器，对测量场所及日常使用的维护与保养要求较高，通常要注意以下几点。

① 使用圆度仪需要做好气源配备、温度控制、防尘、保洁等工作，因此，进入测量室要保持清洁、整齐，操作者要洗手。

② 操作要认真、细心，严格遵守仪器操作规程，使用过程中发生故障，不得任意拆卸，必须按仪器结构原理仔细检查或送专门单位检查修理。

③ 被测零件在放到工作台上检测之前，应先清洗去毛刺，防止在加工完成后零件表面残留的冷却液及加工残留物影响测量精度及探针使用寿命。

④ 仪器使用完毕后，一定要将手接触过的地方用纱布、棉花、汽油和绸布清洗干净，金属表面涂上防锈油，防止生锈。清洗过程为：先用纱布或棉花擦去表面脏物→用沾上汽油的干净棉花擦洗表面→再用干净的绸布擦净表面汽油挥发物→涂上防锈油→盖上防尘布→整理工作现场。

⑤ 按期保养、鉴定圆度仪，以保持测量值的准确性。

⑥ 工作结束后将仪器总气源、总电源关闭。

## 六、任务布置

如图 7-23 所示为一环类零件，试在圆度仪上检测其同轴度，判断零件是否合格。

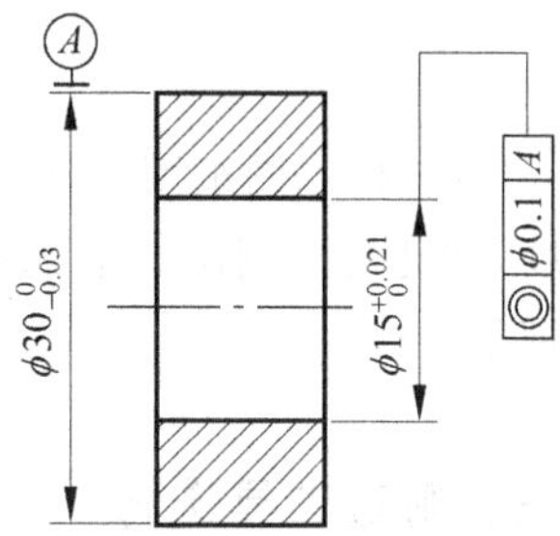


图 7-23　套环零件

# 项目五　认识三坐标测量仪

## 学习分目标

(1) 了解三坐标测量仪结构。

(2) 了解三坐标测量仪原理。

(3) 了解三坐标测量仪使用方法。

(4) 了解三坐标测量仪维护保养方法。

## 一、案例

如图 7-24 所示为某伺服电机传动轴零件图，试根据图纸要求在三坐标测量仪上检测端面上三个 $\phi$8mm 均布孔的圆度、位置度是否合格。

## 二、案例分析

① 此案例属于有二维图纸的测量，因此可以在实际工件上建立坐标系，通过自动方式完成各元素的测量。

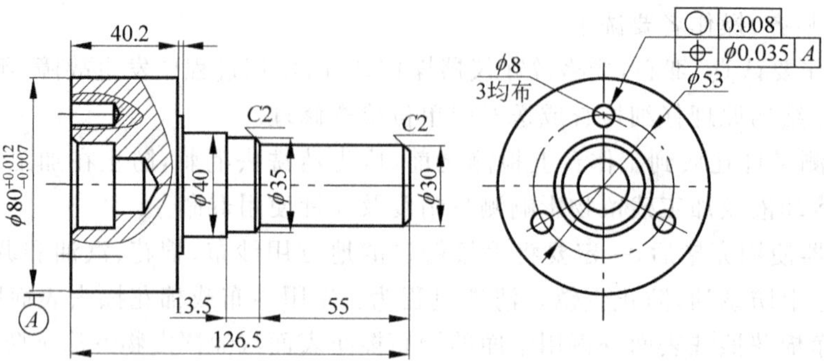


图 7-24 减速机传动轴

② 根据图纸要求在三坐标测量仪上测量出端面上三个 $\phi$8mm 均布孔的圆度、位置度，因此需要测出 3 个 $\phi$8mm 圆孔和基准 $A$（即 $\phi$80mm），然后再进行圆度、位置度的误差评估。

## 三、测量工具选择

① 三坐标测量仪（以 BQC1086R 系列复合式三坐标测量仪为例）。

② 测头系统：MH20i 或 PH10T。

③ 测针：20×$\phi$3mm。

④ 测量软件：DMIS 软件（如美国的 Rational DMIS 软件）。

## 四、测量方法、步骤与数据处理

### 1. 测量方法与步骤

① 装夹零件。通过图纸分析，3 个 $\phi$8mm 孔基准在图纸所示零件的左端面上，只需采用右端面竖立在工作台面的方式装夹定位。

② 测头、角度的建立和标定。根据工件测量的空间位置，创建 MH20i 测头和 20×$\phi$3mm 测针，然后选择测头 $A_0$、$B_0$ 角度进行标定。

③ 零件坐标系建立。以图纸所示零件的左端面为工作平面，$\phi$80mm 孔中心为原点建立零件坐标系，为自动测量确立测量基准。

④ 在软件界面中选择测量"圆"，输入圆心坐标和理论圆直径，设置 5 个测量点，单击"接受"按钮，开始自动测量 $\phi$8mm 圆孔，依次完成 CIR1、CIR2、CIR3 三个圆的测量。

⑤ 在软件界面中选择测量"圆"，输入圆心坐标和理论圆直径，设置 5 个测量点，单击"接受"按钮，开始自动测量 $\phi$80mm 圆孔，完成 CIR4 圆的测量。

⑥ 分别将 CIR1、CIR2、CIR3 的实际元素拖放到"公差"中的"圆度"栏，评估三个 $\phi$8mm 圆的"圆度"。

⑦ 将 CIR1 的实际元素拖放到“公差”中的“位置度”栏，以 A(即 CIR4)为基准评估 CIR1 圆的位置度。CIR2 和 CIR3 圆以同样方法评估位置度。

⑧ 测量结束，退出测量，关闭电源。

### 2. 测量数据处理

通过测量软件，将 $\phi$8mm(CIR1、CIR2、CIR3)的实际圆度、位置度结果输出测量报告，完成整个测量过程。

## 五、相关知识

### 1. 三坐标测量仪概念

三坐标测量仪(Coordinate Measuring Machine，CMM)是指在一个六面体的空间范围内，能够表现几何形状、长度及圆周分度等测量能力的仪器，又称为三坐标测量机或三次元。

### 2. 三坐标测量仪结构

三坐标测量仪的结构如图 7-25 所示，同时，它通常都配备了测量软件、输出打印机、绘图仪等设备，以增强计算机数据处理及自动控制等功能。

### 3. 三坐标测量仪原理

将被测零件放入三坐标测量仪允许的测量空间，精密地测出被测零件各测量点在 $X$、$Y$、$Z$ 三个坐标上的坐标值，根据这些点的空间坐标值，经过计算机数据处理，拟合形成测量元素，如圆、球、圆柱、圆锥、曲面等，再经过数学计算得出被测零件的几何尺寸、形状和位置公差等数据。如图 7-26 所示为三坐标测量仪结构图。

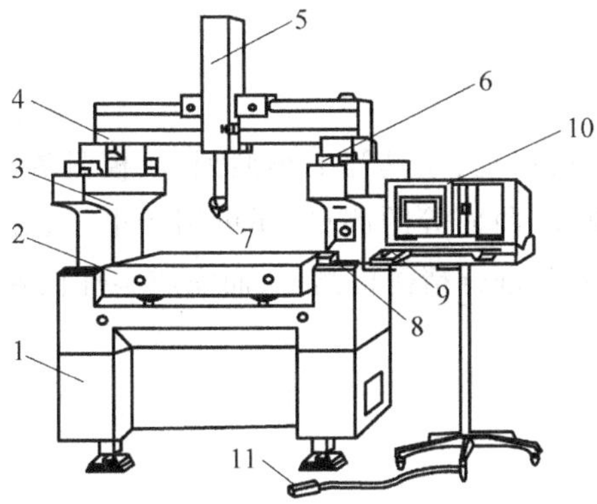


图 7-25　三坐标测量仪结构图

1—底座；2—工作台；3—立柱；4、5、6—导轨；7—测量头；8—驱动开关；9—键盘；10—计算机；11—脚踏开关

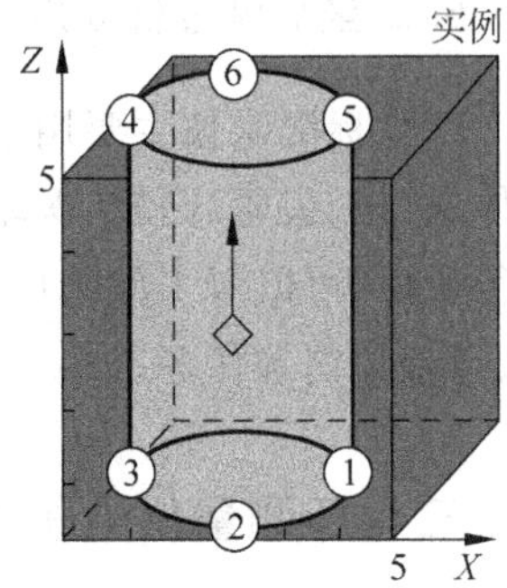


图 7-26　三坐标测量仪原理图

4. 三坐标测量仪分类

① 龙门式：用于轿车车身等大型机械零部件或产品测量，如图 7-27 所示。

② 桥式：用于复杂零部件的质量检测、产品开发，精度高，如图 7-28 所示。

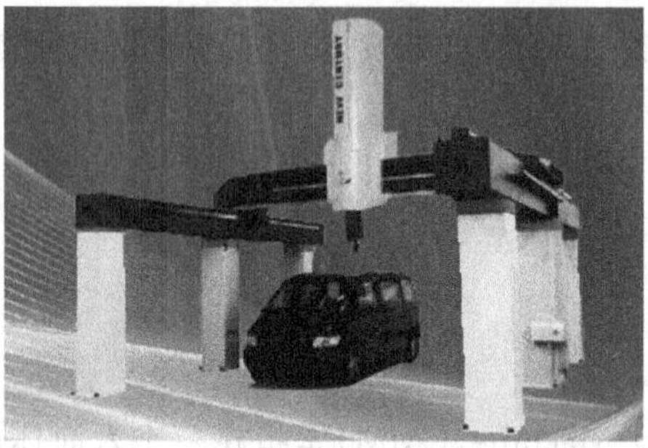

图 7-27 龙门式三坐标测量仪

图 7-28 桥式三坐标测量仪

③ 悬臂式：主要用于车间画线、简单零件的测量，精度比较低，如图 7-29 所示。

图 7-29 悬臂式三坐标测量仪

5. 三坐标测量仪应用领域

三坐标测量仪主要用于机械、汽车、航空、军工、家具等中小型配件、模具等行业中的箱体、机架、齿轮、凸轮、涡轮、涡杆、叶片、曲线、曲面等的测量，还可用于电子、五金、塑胶等行业中，可以对工件的尺寸、形状和形位公差进行精密检测，从而完成零件检测、外形测量、过程控制等任务。

## 六、三坐标测量仪维护保养方法

三坐标测量仪作为一种精密的测量设备，如果维护及保养做得及时，就能延长仪器的使用寿命，并使精度得到保障，故障率降低。测量仪维护及保养规程如下。

### 1. 开机前的准备

① 三坐标测量仪对环境要求比较严格，应严格控制使用场所的温度((20±2)℃)及湿度(40%～70%)。

② 每天对仪器气源进行检查，放水放油；定期清洗过滤器及油水分离器；定期检查仪器气源前级空气来源(空气压缩机或集中供气的储气罐)；花岗岩导轨更要定期检查导轨面状况，每次开机前清洁仪器的导轨，用航空汽油擦拭(120 或 180 号汽油)或无水乙醇擦拭。

③ 在保养过程中切记不能给任何导轨涂上任何性质的油脂。

④ 在长时间没有使用三坐标测量仪时，应在开机前做好准备工作，即控制室内的温度和湿度(24 小时以上)，然后检查气源、电源是否正常。

⑤ 开机前检查电源，定期检查接地电阻是否小于 4Ω，如有条件配置稳压电源。

### 2. 工作过程中的注意事项

① 被测零件在放到工作台上检测之前，应先清洗去毛刺，防止在加工完成后零件表面残留的冷却液及加工残留物影响测量精度及测量头使用寿命；被测零件在测量之前应在室内恒温，以免因为温度相差过大影响测量精度。

② 大型及重型零件在放置到工作台上的过程中应轻放，以避免造成剧烈碰撞，致使工作台或零件损伤，必要时可以在工作台上放置一块厚橡胶以防止碰撞。

③ 小型及轻型零件放到工作台后，应紧固后再进行测量，以免影响测量精度。

④ 在工作过程中，测座在转动时(特别是带有加长杆的情况下)一定要远离零件，以避免碰撞。

⑤ 在工作过程中如果发生异常响声或突然故障，切勿自行拆卸及维修，应及时与专业人士或厂家联系。

### 3. 操作结束后的注意事项

① 将 $Z$ 轴移动到下方，但应避免测针撞到工作台。

② 工作完成后要清洁工作台面。

③ 检查导轨，如有水印要及时检查过滤器，如有划伤或碰伤应及时与专业人士或厂家联系，避免造成更大损失。

④ 工作结束后将仪器总气源关闭。

## 七、任务布置

如图 7-30 所示为一分度机构的槽轮板，试用三坐标测量仪检测零件图中所示的两处对称度误差，并判断其是否在规定的公差范围内。

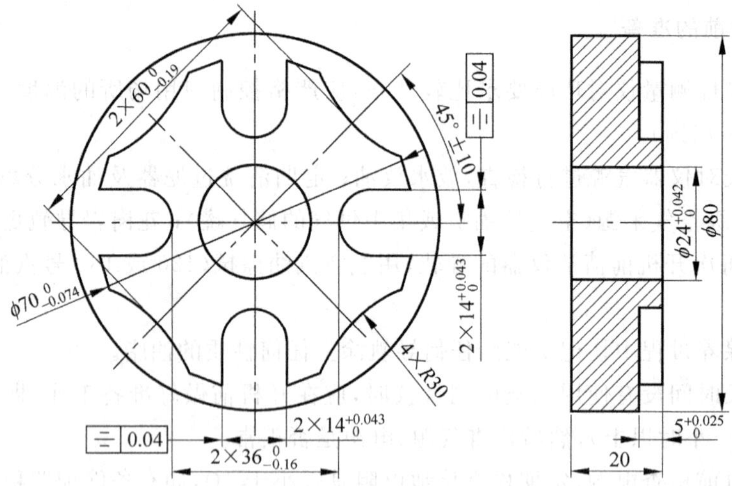

2×60$^{0}_{-0.19}$
45°
0.04
10±1
$\phi$70$^{0}_{-0.074}$
2×14$^{+0.043}_{0}$
4×R30
0.04
2×14$^{+0.043}_{0}$
2×36$^{0}_{-0.16}$
$\phi$24$^{+0.042}_{0}$
$\phi$80
5$^{+0.025}_{0}$
20


图 7-30 槽轮板

APPENDIX

# 附录

## 测量实训室仪器配置清单

| 编号 | 量具名称 | 配备数量 | 编号 | 量具名称 | 配备数量 |
|---|---|---|---|---|---|
| 1 | 钢直尺 | 12 把 | 12 | 螺纹千分尺 | 12 把 |
| 2 | 刀口尺 | 12 把 | 13 | 测量平板 | 12 块 |
| 3 | 游标卡尺 | 12 把 | 14 | V 形铁 | 12 套 |
| 4 | 高度游标卡尺 | 12 把 | 15 | 振摆仪 | 12 台 |
| 5 | 深度游标卡尺 | 12 把 | 16 | 测微仪 | 12 块 |
| 6 | 万能角度尺 | 12 把 | 17 | 硬度计 | 1 台 |
| 7 | 正弦规 | 12 把 | 18 | 工具显微镜 | 1 台 |
| 8 | 外径千分尺 | 12 把 | 19 | 轮廓投影仪 | 1 台 |
| 9 | 内径千分尺 | 12 把 | 20 | 表面粗糙度仪 | 1 台 |
| 10 | 杠杆式百分表 | 12 套 | 21 | 三坐标测量仪 | 1 台 |
| 11 | 尖头千分尺 | 12 把 | | | |

备注：本实训室仪器配置按照每班 48 名学生分组练习，每 2 名学生为一组配置，对于教材中涉及的具体测量零件，主要通过以下两个途径获得。

① 学生在车工、铣工实训练习的零件。

② 对于圆柱销、圆锥销类零件可以去有关机械配件商店采购。

# 参 考 文 献


1. 邬建忠.测量技术基础与训练.北京：高等教育出版社，2007
2. 胡荆生.公差配合与技术测量基础.北京：中国劳动社会保障出版社，2006
3. 沈学勤，李世维.极限配合与技术测量.北京：高等教育出版社，2002
4. 边永梅，徐育军.互换性与测量技术基础.北京：机械工业出版社，2005
5. 朱士忠.精密测量技术基础.北京：电子工业出版社，2008
6. 徐茂功.公差配合与技术测量.北京：机械工业出版社，2008
7. 陈家芳.实用金属切削加工工艺手册.上海：上海科学技术出版社，2005